小动物医学

第 4 辑 2017 年 2 月

宗旨
传播小动物临床知识
保障动物和人类健康幸福

目标
打造中国小动物医学发展交流的平台
世界了解中国兽医发展及国际交流的窗口

支持单位

中国畜牧兽医学会
小动物医学分会
外科学分会
影像学分会
中国兽医协会宠物诊疗分会
中国农业大学动物医院
美国兽医协会（AVMA）
美国美中兽医交流中心
亚洲小动物兽医师协会联盟（FASAVA）
北京小动物诊疗行业协会
东西部小动物临床兽医师大会
西部宠物医师联合会
禾丰集团派美特宠物医院连锁机构

招商规则

招商以注册产品为准，宣传不得夸大，不得发布虚假信息。
刊登的文章不得夹杂广告或商品信息，编委会有权对稿件根据实际情况进行编辑处理。
所有文章文责自负。

版权声明

封面故事

乌龟腹甲开窗手术。乌龟常见的疾病如膀胱结石、胃肠道异物、难产等都可以通过腹甲开窗术治疗。本照片中可见取出的输卵管，其中有一枚龟卵。

编辑部：胡　婷　王森鹤
电话：010-53329912　010-59194349
投稿邮箱：cnjsam@163.com

编辑部地址：
北京市海淀区中关村 SOHO 大厦 717 室
邮政编码：100190

设计制作：沈阳市义航印刷有限公司

图书在版编目（CIP）数据

小动物医学 . 第 4 辑 / 中国畜牧兽医学会小动物医学分会组编 .
北京 : 中国农业出版社 , 2017.2
ISBN 978-7-109-22638-8
Ⅰ . ①小… Ⅱ . ①中… Ⅲ . ①兽医学 Ⅳ . ①S85
中国版本图书馆 CIP 数据核字 (2017) 第 009612 号

北京通州皇家印刷厂印刷　　新华书店北京发行所发行
2017 年 2 月第 1 版　　2017 年 2 月北京第 1 次印刷
开本：787mm×1092mm　1/16　印张：7.75
定价：28.00 元
（凡本版出现印刷、装订错误，请向出版社发行部调换）

Small Animal Medicine

Vol. 4, February 2017

Principles	To disperse the science and technology of small animal medicine, to protect the health and well being of both animals and human beings
Aim	To provide a forum for the exchange of information in small animal medicine, both for China and the international community

Supporting Organizations

Regulations on Ad

Copy−right Announcement

The Editorial Committee

Officers：Hu Ting, Wang Senhe
Tel.：010−53329912　010−59194349
E−mail：cnjsam@163.com
Address：
Room 717, Zhongguancun SOHO Building, Haidian District, Beijing, China.
Postcode：100190
Layout：Shenyang Yi hang Printing Co., Ltd.

Contents 目　录

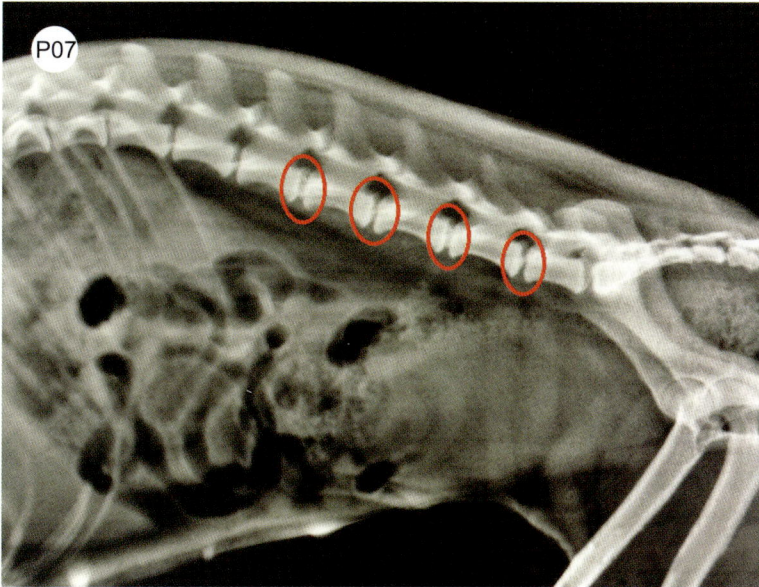

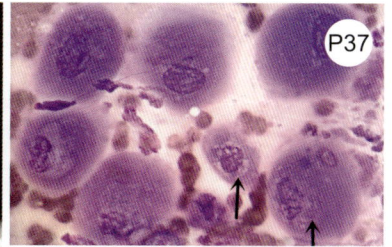

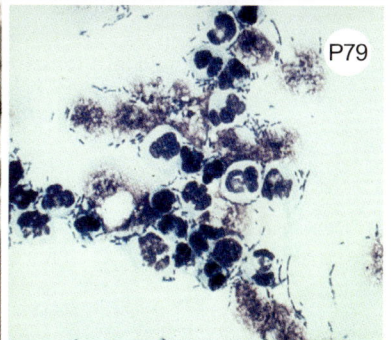

Celebrate the issuing of the Chinese Journal of Small Animal Medicine

We have many journals in the discipline of veterinary medicine in China, however, a journal that is focused on small animals only, with both case studies and scientific reports as its main contents is, I have to say, unique. It is in demand and necessary for the wellbeing of our profession.

First of all, this journal will be a giant step forward in improving the small animal medical studies, and enhance the current development of the profession. Also as expected, the journal will bridge the gap between our and international societies. As we can see in the editorial board, there are distinguished scholars and scientists in the related field of study, and multiple clinicians that is well-known by colleagues throughout China. The board is a strong body of talented people congregation, although it has been a little late to start, but the mark is high. Since the board members are mostly dedicated and hardworking, we can expect the journal to be different from some of the existing journals.

The group of people running this including editors are very experienced, motivated, and is equipped with professional managerial skills, and these are the foundations of a quality journal of small animal medicine.

One of the most important features of this board is that they are independent from interests groups, and not a representative of any commercial or industrial companies. This ensures the fairness of activities in its selection of papers, commercial ad, and new members of the board and that is the assurance to our readers.

With the development of this journal, it will bring new technologies and ideas to our profession and will be a trustful friend of all our readers.

Wishing a good future of this journal and congratulations!

Degui Lin, Professor
College of Veterinary Medicine
China Agricultural University
Beijing, China

祝《小动物医学》越办越好

在我国各具特点的众多兽医出版物中，完全以小动物医学进展与病例专题为主的并不多，《小动物医学》的面世有其必然性和必要性。

第一，它的诞生主要是为了全面促进中国小动物临床医学事业的进步与发展，紧跟国际一流水平。《小动物医学》在编委会成员上，集中了中国众多权威的小动物临床医学专家学者及经验丰富的执业兽医师，专业实力雄厚，虽然起步晚但是起点高，避免了现在一些出版物中并不少见的专业错误、文章低质量，甚至有些作者的自吹自擂。

第二，《小动物医学》的主办方有着丰富的主办兽医专业出版物的经验，管理团队很专业，这是一本小动物医学读物正规化和科学化的重要基础之一。

第三，它不属于某些利益集团或医疗机构，不是一个公司或者医院的代言人。这样，确保本出版物在编委选择、稿件来源、宣传对象等方面的公正性和质量，这就是对读者负责。

随着《小动物医学》的不断进步与发展，它一定会带给执业兽医师最新的专业知识与新技术，成为小动物执业兽医师的良师益友，越来越受到读者的欢迎和重视！

祝福《小动物医学》越办越好！

林德贵　教授
中国农业大学动物医学院
2017年2月10日于北京

犬腰椎间盘退化伴钙化症的中西医诊疗

Dignosis and treatment for lumbar disc degeneration associated with calcification in dog by Chinese and Western medicine

马鹏杰[1*]   谢伟东[1]   陶焕青[2]

[1]南京警犬研究所犬病医院，江苏南京，210000
[2]安徽农业大学动物科技学院，安徽合肥，230000

摘要：犬腰椎间盘退化伴钙化症是中老年犬常见的椎间盘疾病之一，也是引起犬腰痛和运动障碍的主要原因之一，严重影响患犬生活质量。该症主要由腰椎间盘发生退行性病变所致，通过询问病史、体格检查、常规化验、X线片等检查可确诊。治疗有手术和保守疗法2种方法，西兽医疗法多以手术治疗为主，但失败率较高且并发症常见，西药治疗周期长，虽能缓解疼痛，但易于反复，副作用大。中兽医在治疗椎间盘疾病上积累了丰富的临床经验，具有方便、安全、无明显副作用，且疗效显著的特点。本病例通过西兽医对病因病机的分析和中兽医辨证，应用针灸、理疗、按摩、穴位注射和口服中药等方法，治疗2个疗程后，取得良好疗效。

关键词：犬，腰椎间盘退化伴钙化症，中西诊疗

Abstract:Canine lumbar intervertebral disc degeneration with calcification is one of the most common cause of intervertebral disc disease in middle-aged and elderly dogs. It is also one of the main cause of back pain and movement disorder in dog, which seriously affects the quality of dog's life. The disease can be diagnosed by medical history, physical examination, routine testing, X-ray and other tests. There are two methods of treatment, operation and conservative treatment. Most of the western veterinary medicine is mainly treated by surgery, but the failure rate is high and the complication is more. The long term treatment of western medicine can relieve the pain, but it is easy to be repeated. In the treatment of intervertebral disc disease the accumulation of clinical experience, which is convenient, safe, no obvious side effects, and have significant efficacy characteristics. The Western veterinary medicine analysis veterinary differentiation, and shows that the use of acupuncture, physiotherapy, massage, injection and oral Chinese medicine and other methods of treatment after 2 courses, periods, have achieved good results.

Keyword: Canine, lumbar disc degeneration associated with calcification, diagnosis and treatment with Chinese and Western medicine

通讯作者
马鹏杰   970411747@qq.com，南京警犬研究所犬病医院。
Corresponding author：Pengjie Ma, 970411747@qq.com, Nanjing Institute of police canine unit, Animal Hospital, attending physician.

1 病例情况

贵宾犬，8岁，雄性，体重5.20kg。2015年5月6日就诊，5天前不明原因突发性后肢瘫痪，偶尔痛叫，饮食欲下降，大小便失禁。患犬有从楼梯滚落史，在户外活动时运动剧烈。

2 临床诊察

2.1 体格检查

患犬双后肢趴地向外摆，反复挣扎企图站立，仅能拖行（图1），肛门松弛，尾根有粪渣污染。按压后段腰椎疼痛明显，痛点固定，触之两侧肌肉有僵硬感，腰椎以后皮肌反射消失，双后肢肌肉松弛，无屈曲反射和膝反射，趾间疼痛反射、肛门反射消失，精神不佳。体温38.2℃，呼吸频率37次/min，平稳，心率120次/min，心律齐，无明显心杂音，脉虚涩。

2.2 影像学检查

X线片见L3至L7椎间盘密度增高，呈钙

化影，椎体前、后缘粗糙，正位片见L3至L7椎间隙狭窄（图2）。

2.3 血液学检查

血常规检查（表1）和血液生化检查（表2）。

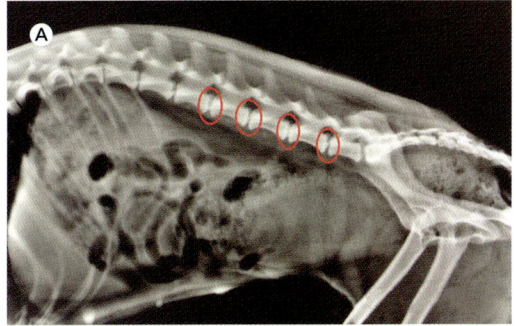

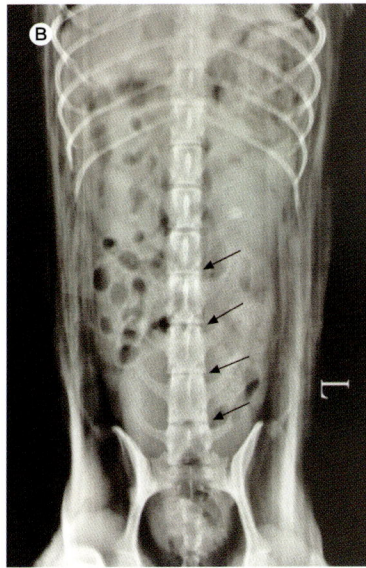

图1 就诊贵宾犬，后肢趴地向外摆，无法站立

图2 X线片（A. 红圈内椎间盘密度增高，椎体前、后缘粗糙；B. 黑色箭头所指处椎间隙狭窄）

表1 血常规检查

检测项目	单位	检测值	参考值范围
红细胞（RBC）	10^{12} 个/L	8.45	5.65 ~ 8.87
红细胞比容（HCT）	%	55.8	37.3 ~ 61.7
白细胞（WBC）	10^9 个/L	9.52	5.05 ~ 16.76
单核细胞（MONO）	10^9 个/L	1.13 ↑	0.16 ~ 1.12
中性粒细胞（NEU）	10^9 个/L	12.31 ↑	2.95 ~ 11.64
血小板（PLT）	10^3 个/μL	230	148 ~ 484

表2　生化检查

检测项目	单位	检测值	参考值范围
血糖（GLU）	mmol/L	7.04	3.89 ~ 7.94
尿素（UREA）	mmol/L	3.4	2.5 ~ 9.6
肌酐（CREA）	μmol/L	171 ↑	44 ~ 159
丙氨酸转氨酶（ALT）	U/L	93	10 ~ 100
碱性磷酸酶（ALKP）	U/L	73	23 ~ 212
总蛋白（TP）	g/L	97 ↑	52 ~ 82
钙离子（GA）	mmol/L	2.51	1.98 ~ 3.00
磷离子（PHOS）	mmol/L	1.96	0.81 ~ 2.19
肌酸激酶（CK）	U/L	179	10 ~ 200

单核细胞和中性粒细胞轻度升高，可能与应激或炎症有关；总蛋白高于参考值上限，可能与患犬年龄和营养不良有关；肌酐升高，可能跟肾脏疾病有关，需进一步检查。

3 临床诊断

结合病史及影像学检查，诊断为腰椎间盘退化伴钙化症。

4 中西兽医学辨析

腰椎间盘退化伴钙化导致的腰痛和后肢瘫痪，因其病因和病性复杂，仅以传统方法难以甄别，而中西兽医在诊断思维上本着"证同治亦同，证异治亦异"的原则，遵循这一理论了解其病因病机对诊治该症具有指导性作用。

4.1 西兽医分析

患犬长期爬楼梯，后段腰椎承受过度压力，椎间盘受挤压，摔伤病史及长期的剧烈运动促使椎间盘退化，其髓核在长期承受压力的作用下向受力较小处突出，压迫脊神经，同时阻碍了局部血液循环，使神经根发生水肿、渗出等无菌性炎症反应，从而导致神经传导受阻，表现运动神经功能障碍和感觉疼痛。

4.2 中兽医辨证

经络是机体运行气血、调节功能的通路，可沟通里表，联络脏腑。腰椎间盘退化伴钙化，压迫损伤或阻滞局部经络，致使气血运行不畅，久积成瘀，营卫失调，脏腑经脉失养，属痹证；气滞血瘀，经络阻闭，不通则痛，又归属于就腰痛证[1]。初期患犬表现以腰痛、瘫痪为主要症状的病证。经脉气血久运不畅，脏腑失去濡养而致功能失调，临床可见患犬消瘦、虚弱。

5 治疗

5.1 治疗原则

通痹止痛，活血化瘀，调和营卫，消炎消肿。

5.2 治疗方法

5.2.1 针灸 取L3-L7夹脊穴[2]（椎体正中线旁开约0.4寸）、悬枢、命门、阳关、百会、委中、阿是穴为主穴，其余督脉和后肢太阳膀胱经腧穴为配穴，随证取穴。针刺得气后接电针仪（图3），电针命门（负极）+尾根（正极），左膀胱俞（负极）+左趾间（正极），右膀胱俞（负极）+右趾间（正极），频率强度控制在后肢肌肉群轻微抖动及患犬可承受范围内，用连续波5min，后改疏密波，通电20min。施平补平泻手法，每5min行针1次，留针30min。每天施术1次，5次为1个疗程，2个疗程间隔2天[3]。

5.2.2 理疗 特定电磁波治疗仪，置后段腰椎部照射30min（图3）。

犬腰椎间盘疾病在小动物临床上极为多见，如腰椎间盘退化、腰椎间隙狭窄、腰椎间盘突出或脱出、腰椎间盘退化伴钙化等。通过X线片即可确诊，是否有其他椎间盘病变需进一步做脊髓造影、MRI、CT等检查确定。

因注射液40mg混合液，分点注入局部阿是穴（图4），2天1次；复方当归注射液100mg等分

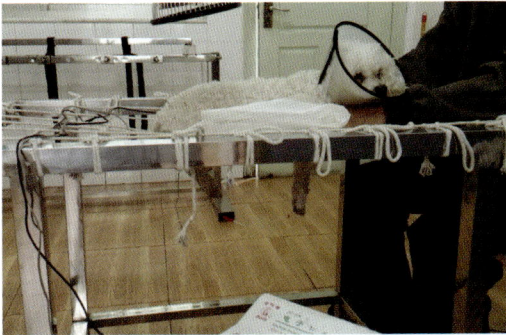

图3 针灸和理疗治疗中

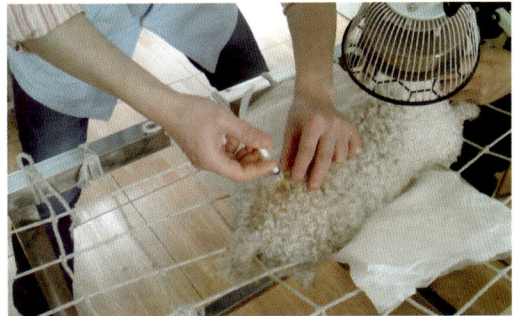

图4 穴位注射

5.2.3 推拿 借鉴现代中医推拿手法，治疗腰椎间盘疾病以点压穴位类手法（以足太阳膀胱经、足少阳胆经、督脉、足阳明胃经腧穴及压痛点）为主，并配合搽法、拿法、推压脊柱法为辅[4]。其推拿顺序为：双侧腰部肌肉群施以揉法5min；腰椎部施以推压脊柱法5min；阿是、夹脊、委中、环跳穴施以点压手法5min；双侧腰部肌肉群和股肌肉群依次施以拿法各3min；趾部按摩，不时提拉后肢，做屈曲运动3min。

5.2.4 药物治疗 维生素B_1 25mg和维生素B_{12} 0.2mg混匀后缓慢注入命门穴，每天1次；地塞米松磷酸钠注射液5mg和盐酸普鲁卡

注入委中穴，2天1次；活血祛痛汤[5]（方剂组成：丹参7g，赤芍、当归、川芎各3g，茯苓、肉桂、元胡、香附各3g，地龙、川断、狗脊、桑寄生、黄芪各4g，甘草2g。以上药草放煎药砂锅内浸泡45min后，水煎3次，首次煎开之后小火熬15min，取汁，后两次煎开之后小火熬5min即可取汁，将3次煎熬的药汁混合在一起，过滤取汁300mL，20mL饭后30min温服）早晚两次服用，5天为1个疗程，2个疗程间隔2天。

5.2.5 护理 静养，勿剧烈运动，抱犬上下楼，注意保暖，避免风寒湿邪侵袭，每天按摩腰部和后肢。

中兽医在腰椎间盘疾病的治疗中积累了丰富的经验，针灸与药物配合应用，疗效更佳。从腰椎间盘退化伴钙化的发病机理及临床表现可将其归属于"腰痛"和"痹症"等范畴。

6 结果

首次针刺腰椎各穴反应明显，连续治疗3天，辅助站立，能缓慢运步。1个疗程后能左右摇摆运步（图5），仍负重不耐受。2个疗程后，行走正常，按压后段腰椎有轻微疼痛感，继续服用中药2个疗程，有效防止了神经系统退行性病变、促使神经损伤修复和再生，对犬腰椎间盘退化伴钙化症疗效显著。

图5 治疗1个疗程效果

7 讨论

犬腰椎间盘疾病在小动物临床上极为多见，如腰椎间盘退化、腰椎间隙狭窄、腰椎间盘突出或脱出、腰椎间盘退化伴钙化等。腰椎间盘退化伴钙化是一种退行性病变，主要由椎间盘变性所致，在此过程中，髓核长期受压向受力较小处突出，刺激或压迫神经根、马尾神经，引起腰部疼痛和运动不适。

由于腰椎广泛劳损退变，可能出现多个节段的椎间盘病变，病情常反复发作，严重影响患犬生活质量。该病通过X线片即可确诊，是否有其他椎间盘病变需进一步做脊髓造影、MRI、CT等检查确定。

治疗腰椎间盘退化伴钙化症的原则：一是抑制炎症反应，促进炎症水肿的消散与吸收，阻断炎症介质对神经根继发性损伤和抑制髓核自身免疫反应；二是改善局部微循环障碍，解除对神经根的机械性压迫，减轻神经根的瘀血、缺血、缺氧状态；三是预防神经系统持续退行性病变，促使神经损伤修复和再生。国外兽医治疗腰椎间盘疾病多以手术和口服或定位注射抗炎类药物和镇痛剂为主，但手术费用高，风险大，术后并发症较多；使用抗炎类药物和镇痛剂虽能缓解症状、延缓疾病的发展，但作用有限，且长期用药可造成肝肾功能损伤、胃肠道反应等副作用。

中兽医在腰椎间盘疾病的治疗中积累了丰富的经验，针灸与药物配合应用，疗效更佳。从腰椎间盘退化伴钙化的发病机理及临床表现可将其归属于"腰痛"和"痹症"等范畴。本病例由长期劳损和体位不正，导致腰脊部经络受损阻痹，气血凝滞不畅，长期未得到改善，邪气向内扩散，使脏腑功能失调。针灸疗法取阿是穴疏通经脉气血，使营卫调和而风寒湿热之邪无所依附，痹痛随解；夹脊穴具有调督脉、理脏腑、振奋全身阳气及疏通经络气血的作用；《四总穴歌》曰："腰背委中求"，委中穴可疏通腰背部膀胱经之气血，具有舒筋通络、散瘀活血之功效；悬枢为诸阳之海，可升阳举陷；命门、阳关乃益火之源，可振奋阳气而祛寒邪；百会乃百脉之会，百病所主，针刺有益气固脱之效；环跳祛风化湿，强健腰膝；后三里有补中益气、通经活络、疏风化湿的作用；趾间祛风通络。同时针刺穴位可以改善局部血液循环，增加淋巴回流，促进炎性渗出物、致痛物质的吸收，消炎消肿，从而消除疼痛[6, 7]。

《黄帝内经》记载"经络不通，病生于不仁，治之以按摩。"擦法、拿法、推压脊柱法接触面积大，手法较柔和，使腰背肌放松，具有疏经通络、祛风散寒、活血化瘀、松解粘连等功效。点压穴位手法作用点小而集中，浅至肌表，深达脏腑，具有开通闭塞、疏通经脉、解痉止痛等功效。按摩能使气血通畅，通则不痛，提高机体的痛阈值[8]。施行手法时需做到全神贯注，由浅入深，由轻到重，缓中有力，不可使用蛮力。

活血祛痛汤具有活血化瘀、通痹止痛的作用。其丹参具有活血化瘀、通经止痛之功效；赤芍、川芎、当归活血行气、祛风止痛，增强活血化瘀、通经止痛功效；地龙通络，元胡活血化瘀、行气止痛，古代医学家朱丹溪记载："血见热则行，见寒则凝。"肉

桂味辛甘、性热，有温通血脉、散寒止痛之效，川断、狗脊、桑寄生补肝肾、壮筋骨，黄芪、茯苓健脾化湿，香附疏肝理气、调畅气血；甘草益气补中、缓急止痛，有调和诸药之效[9]。

物理性刺激能引起体内一系列生物学效应，消除或减轻疼痛，恢复受破坏的生理平衡，增强机体防卫机能、代偿机能和组织的再生机能。电针治疗时先用连续波5min，起到止痛、镇静、缓解肌肉和血管痉挛的作用，后改用疏密波能增加代谢，促进气血循环，改善组织营养，消除炎性水肿[10]。电磁波对组织具有较深的穿透力，可促进其酶效应和热效应，改善局部血液循环，促进炎症的吸收消散，缓解疼痛，对各种腰胯痛、神经痛、风湿症均有较好的疗效。

笔者认为针灸理疗配合推拿、口服中药汤剂、穴位注射是一种治疗犬腰椎间盘退化伴钙化症较好的保守疗法，具有见效快、疗效确切、方便易行、安全性较高、不良反应小的优点，值得临床深入学习和推广。

审校：刘钟杰　中国农业大学

参考文献

[1] 管宏钟，张选国.针灸学笔记图解.北京：化学工业出版社，2009:139-140.

[2] 汪德瑾，刘存志.华佗夹脊穴定位之我见.中华中医药杂志，2010，25（2）：317-318.

[3] 董君艳. 第二期犬病针灸实用技术培训班讲义.南京:公安部南京警犬研究所，2010.

[4] 《大生活》编委会主编.人体经络按摩图典.上海:上海科学普及出版社，2010:17-25.

[5] 李志斌，艾克拜尔，徐金，等.活血祛痛汤配合针灸推拿治疗腰椎间盘突出症286例疗效观察.新疆中医药杂志，2008，26（3）：40-42.

[6] 宋大鲁，宋劲松.犬猫针灸疗法.北京:中国农业出版社，2009:60-78.

[7] 胡元亮.中兽医学.北京:中国农业出版社，2007:225-231.

[8] 李具宝，熊启良，屈尚可，等.中医推拿治疗腰椎间盘突出症：应用规律10年文献分析.中国组织工程研究杂志，2014，18（44）：7211-7216.

[9] 北京农业大学主编.中兽医学（第二版）.北京：农业出版社，1995:133-369.

[10] 邱茂良.针灸学.上海：上海科学技术出版社，1985:173-175.

麻醉监测之有创动脉血压测定
Anesthesia monitoring of invasive arterial blood pressure

朱保学[1]　姚海峰[1]　张迪[2]

[1]北京派仕佳德动物医院，北京朝阳，100092
[2]中国农业大学动物医院，北京海淀，100093

摘要： 有创动脉血压监测能提供实时精准的动脉收缩压、舒张压、平均动脉压，对于临床危重动物及重大手术麻醉监测具有重要意义，现将操作方法及临床意义介绍如下。

关键词： 动脉血，麻醉监测，操作方法

Abstract: Invasive blood pressure (IBP) monitoring will provide more accurate arterial blood pressure including the systolic pressure, diastolic pressure and mean blood pressure than other routine methods, which are valuable in the monitoring of severe cases and major surgery patients. This article introduces the practical use of IBP monitoring method.

Keyword: IBP, arterial blood pressure, monitor

1 原理及意义

动脉血压（Arterial blood pressure，ABP）是麻醉监护中最重要的参数之一，根据测量方法可分为有创血压（Invasive blood pressure，IBP）和无创血压（Non-invasive blood pressure，NIBP）监测两种。

有创血压监测又称为直接血压监测（Direct blood pressure）通过直接测量获得血压参数，即将充满液体的测压管道与动脉留置导管连接，通过特制转换器将流体压力转变为电信号，将所测血压显示于监护仪屏幕。有创血压监测的方法不仅可以获得实时精确的血压动态变化，而且可以通过所示动脉波动图，评估机体循环状态。但该方法对临床设备以及专业人员操作技能条件要求较高。无创血压通过间接测量获得血压参数，目前兽医临床常使用的法包括以下两种：①示波法（Oscillometry），即将充气袖带环绕四肢或尾根部，监护仪按照人工设定频率自动充气放气，放气过程中监护仪器侦测动脉搏动，并将相对应的血压值显示于屏幕。该方法的优点为操作简便，可测定收缩压、舒张压和平均动脉压以及脉搏。缺点是血压数值受到袖带大小和安装影响，且需要多次测量取平均值。血压过低或过高时测量不精确（图1A）。②超声多普勒法（Doppler ultrasonography），即选择合适袖带缠绕于动物前肢或后肢肢体，在相应指端掌内侧

通讯作者
朱保学　派仕佳德动物医院，362741441@qq.com。
Corresponding author：Baoxue Zhu, 362741441@qq.com, Beijing Petsguard Animal Hospital.

剃毛，将带着耦合剂传感器探头置于剃毛处。操作者施加适当压力，通过滑动探头寻找最佳位置监听"嗖嗖"的动脉血流搏动声音。确认位置后，手动充气袖带压迫动脉至血流声音消失，然后慢慢放气直到恢复动脉血流声音。在该过程中，听到的第一个血流脉冲声音所对应的时压力计参数即被认为是收缩压。超声多普勒法的优点可测得脉搏次数和节律，缺点是只能测得收缩压，且动物处于低血压时不精确，并且同样受到袖带大小和安装影响，需要剃毛和专人测定（图1B）。

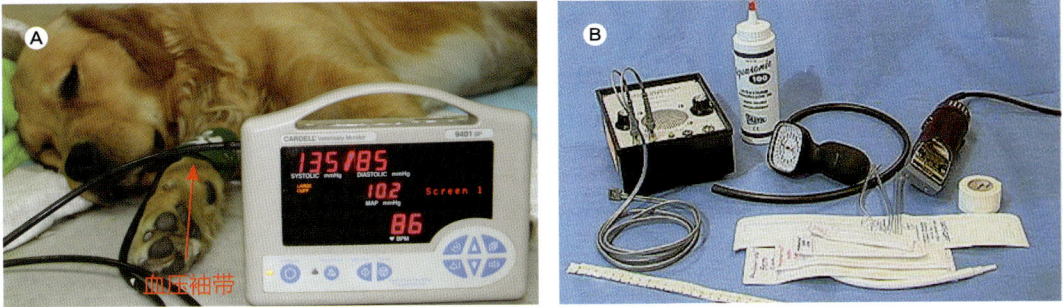

图1　A.金毛犬在接受示波法测量血压（收缩压135 mmHg*，舒张压85 mmHg，平均动脉压102 mmHg，脉搏86次/min）。图1B.进行超声多普勒法所需要的仪器和设备（超声法多普勒血压仪、测量探头、压力计（含充气装置）、耦合剂、血压袖带、袖带软尺、电推、胶带）

2 适应证

有创动脉血压监测方法适用于危重动物及重大手术麻醉中血压监测，所建立起来的动脉通路，还可用于采集血液进行血气分析等。

3 操作方法

3.1 主要设备

有创血压监护仪（MIDMARK cardell'touch）、一次性压力传感器（UTAH MEDICAL PRODUCTS）、输液加压器、肝素化生理盐水500 mL、20～24G留置针（图2）。

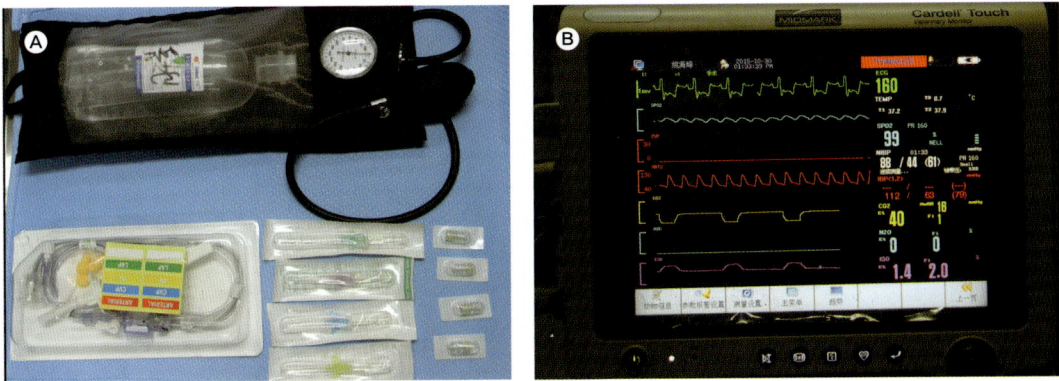

图2　A.检测有创血压基本材料：肝素化生理盐水、留置针（20～24 G）、肝素帽、一次性有创压力转换器、输液加压器。B.与一次性有创压力转换器配套的有创血压监测仪

* "mmHg"为（传统）计量单位，1mmHg=0.133kPa。——编者注

3.2 穿刺部位

进行直接动脉血压监测前，需要留置动脉导管。兽医临床可用的动脉包括耳动脉、足背动脉和尾动脉。在小动物临床以足背侧动脉较为常用，解剖位置如图3所示。

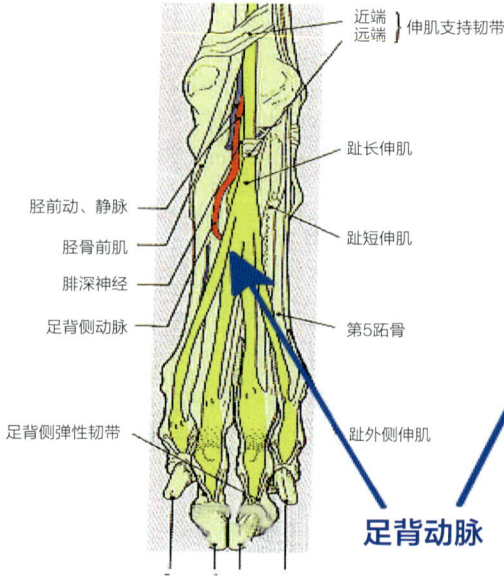

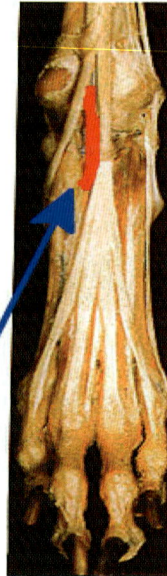

图3 剥离了表面静脉和神经的左侧脚踝背侧观解剖图（引自犬猫解剖学彩色图谱，2007）

3.3 主要操作过程

①将压力传感器电缆插头与监护仪电缆线连接，输液装置插头插入肝素化生理盐水（肝素浓度2~4U/mL），并将输液加压器加压至200~250 mmHg，排空测压管道空气。

②在检测前需要进行参数校准，主要过程如下：将转换器放置与心脏同一平面并固定；转动三通阀使传感器与大气相通，点击监护仪校零。当显示屏显示"校零成功"后，将三通阀转动与动脉测压管道相通，即校零完毕（图4）。

③选择足背侧动脉进行穿刺，操作前穿刺部位常规剃毛消毒。

④触感动脉搏动，确定进针位置，如果穿刺成功，留置针中会有一定量动脉血波动样流入，退出针芯确定血流通畅后迅速连接肝素帽固定（图5）。

⑤传感器针头刺入动脉导管，监护仪随即显示所测的动脉收缩压、舒张压、平均动脉压数值与波形（图6）。

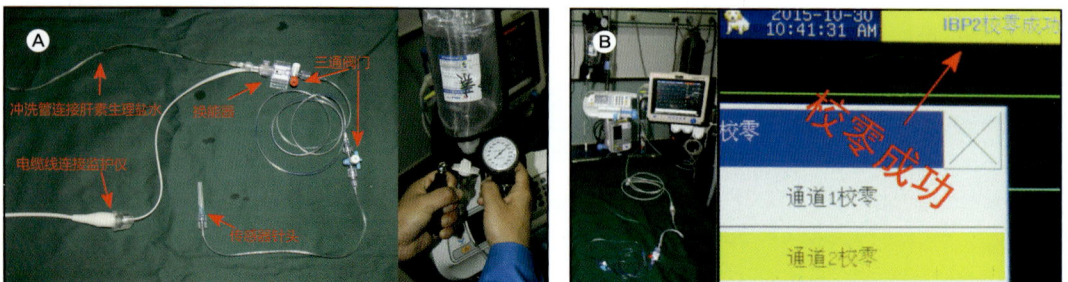

图4 A.传感器连接监护仪和加压肝素化生理盐水；B.校零成功，准备完毕

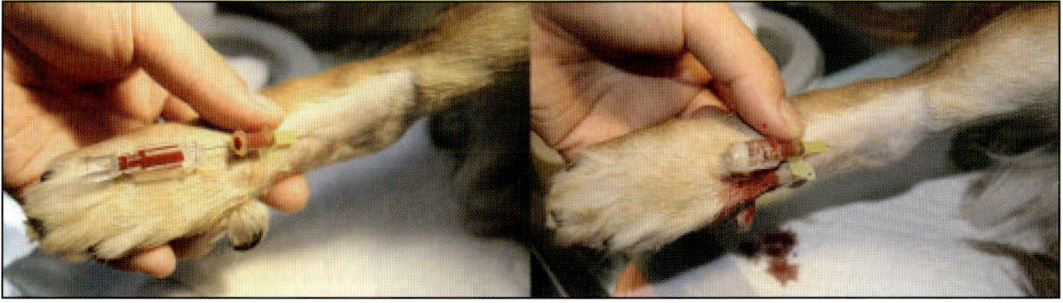

图5 如果穿刺成功，留置针中会有血流流入；退出针芯，可见血液随脉搏搏动频率涌出，确定血流通畅后迅速连接肝素帽

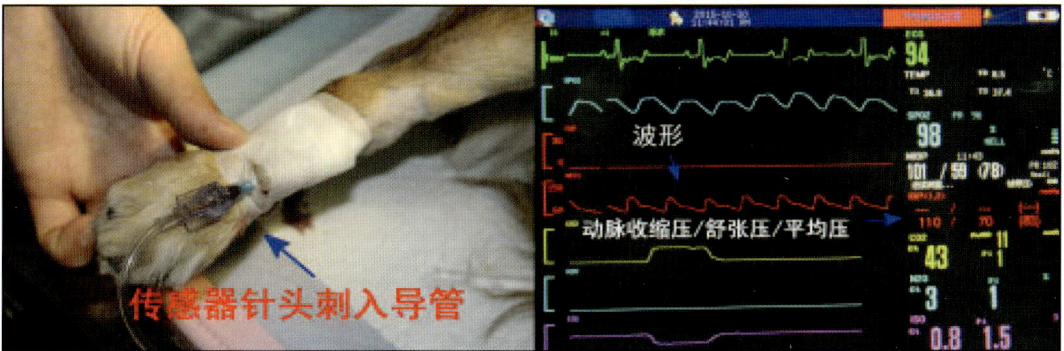

图6 动脉导管连接测压管道，监护仪显示动脉收缩压、舒张压、平均动脉压及波形

4 监测

临床常以毫米汞柱（mmHg）为单位表示动脉血压。正常情况下，犬的动脉血压数值为：收缩压110~160 mmHg，舒张压50~70 mmHg，平均压60~90 mmHg。在理想的麻醉监护中，除需要对动脉血压数值进行检测外，还需要观测动脉压力波形。动脉压力波形主要由上升支和下降支组成。在心室快速射血期，动脉血压迅速上升，管壁被扩张，形成脉搏波形中的上升支；峰值最高点即为收缩压（图7A）。心室射血后期，射血速度减慢，进入主动脉的血量少于由主动脉流向外周的血量，故被扩张的大动脉开始回缩，动脉血压逐渐降低，形成脉搏波形中下降支的前段。随后心室舒张，动脉血压继续下降，形成下降支的其余部分。其下降支上有一个切迹，称为降中峡。降中峡发生在主动脉瓣关闭的瞬间。因为心室舒张时室内压下降，主动脉内的血液向心室方向返流。这一返流使主动脉瓣很快关闭。返流的血液使主动脉根部的容积增大，并且受到闭合的主动脉瓣阻挡，发生一个返折波，因此在降中峡的后面形成一个短暂的向上的小波，称为降中波；下降支的最低点为舒张压（图7B）。

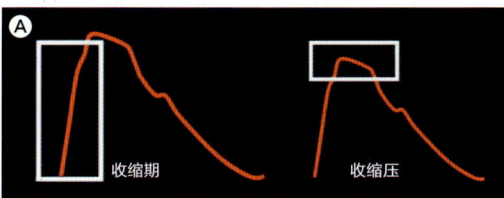

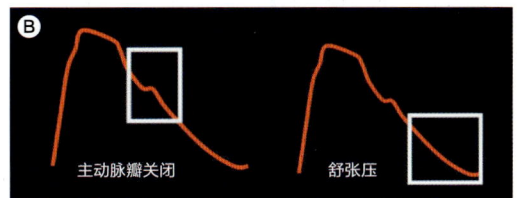

图7 A.收缩期波形；B.舒张期波形。

5 并发症和预防方法

①反复穿刺拔管易造成局部血肿、出血、感染及空气栓塞，操作者应熟悉解剖位置及穿刺方法，尽可能一次穿刺成功；若穿刺失败应压迫止血5 min以上，尽量避免在同一部位再次操作。操作过程保持无菌，避免空气以及血凝块进入动脉，尽可能减少导管留置时间。

②采集样本进行动脉血气分析时，为避免肝素影响检测结果及过多失血，可准备两个注射器，先抽取2～5 mL血液弃去，再换另一个注射器采集化验血液；采集完毕后，注入适量肝素化生理盐水，防止留置针堵塞。

③可能的并发症包括血栓、动脉瘘管、动脉瘤等，这些情况比较罕见，一旦发生应及时拔除留置导管，按压止血，并给予适当治疗。

6 注意事项

①保证输液加压器处于正常压力范围（200~250 mmHg），肝素化生理盐水持续冲洗动脉导管，防止堵塞。

②测压管道、动脉导管要稳定固定，防止脱落、弯折、受压、扭曲，确保连接前空气排尽。

③在进行测量前应进行仪器校零。压力转换器位置应与动物心脏保持同一水平面，并在整个测量过程中保持不变；如果发生高度变化，应重新校零（图8）。

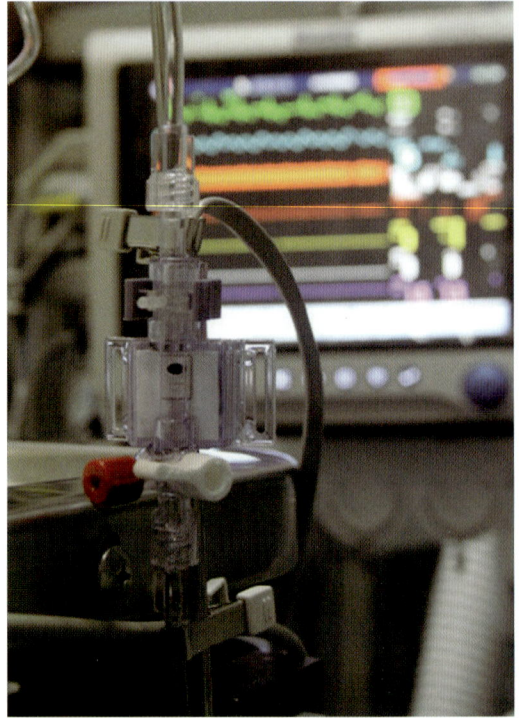

图8 压力转换器位置应该与动物心脏同一水平面，保持不变。一旦发生变化，需要重新校零

有创血压能准确提供实时可靠的动脉收缩压、舒张压、平均动脉压，而这些数据是临床危重动物及重大手术麻醉监控重要指标之一。不仅如此，建立的动脉通路还可为动脉血气采集提供条件。因此该项操作技术值得有条件的医院推广。

审校：彭广能 中国农业大学 金艺鹏 中国农业大学

参考文献

[1] [英]Done，S.H.，Goody，P.C，Evans，S.A等著.犬猫解剖学彩色图谱.林德贵，陈耀星等译.沈阳：辽宁科学技术出版社，2007：348.

[2] William W. Muir，III.John A.E.Hubbell.Richard M.Bednarski.phillip Lerche，著.兽医麻醉学手册.王咸祺等译.台北：台北市台湾爱思唯尔，2014：277-283.

手术配合中药治疗犬角膜穿孔疗效观察
Herbal therapy of corneal ulcers after surgeries in canine patient

夏楠[1*] 张柳铭[2] 贾优优[2] 费维真[2] 贾东平[3] 陈武[4]

[1]宠福鑫中西结合诊疗中心，北京昌平，102208
[2]天津红黄蓝宠物医院，天津河北，300150
[3]天津农学院，天津西青，300384
[4]北京农学院，北京昌平，102206

摘要： 犬角膜穿孔病例，在检查中发现患犬有贫血症状、甲状腺水平低下，经实验室血液学及眼科学检查，诊断为角膜溃疡，转院前多次反复使用激素药物缓解贫血症状。遂采取中药补气活血3天，待体况恢复后实施结膜瓣遮盖术，术后患犬恢复良好。本病例中使用了中药组方对于体况不良且贫血症状预后不良的犬，有显著补益作用。

关键词： 犬，角膜穿孔，结膜瓣遮盖术，中药

Abstract: A 10-year-old male Pekingses, corneal ulcer were found with low thyroid levels and anaemia after Hematology and ophthalmologic examination. Before transferring from another hospital the dog was repeatedly used hormone drugs to relieve the symptoms of anemia. Therefore, using the herbal medicine instead of the hormone drugs to improving the anemia, then operate the conjunctival flap covering. The traditional Chinese medicine have good effect for enhancement of the body condition and improvement of anemia.

Keyword: canine, corneal ulcers, conjunctival flap covering, herbal medicine

1 病例概况

北京犬，10岁，雄性，体重6.7kg，运动及饮食无明显异常，长期以肉食和低脂易消化处方粮为主，两便正常，每年按时免疫，未定期驱虫。

近1周左眼羞明流泪，分泌物增多，就诊前一天发现眼球局部凹陷，并有内容物流出（图1）。2016年4月16日转院来诊，提出进行手术治疗。

2 诊疗经过

2.1 转诊前检查情况

2016年03月16日最初就诊，患犬精神沉郁，四肢无力，尿液呈茶色，舌色苍白。经血常规、生化（红细胞数0.8×1012个/L，血涂片可见球形和网织红细胞）等血液检查（表

通讯作者
夏楠 宠福鑫中西结合诊疗中心，xianan007@126.com。
Corresponding author:Nan Xia, xianan007@126.com, Chongfuxin International Animal Medical Center.

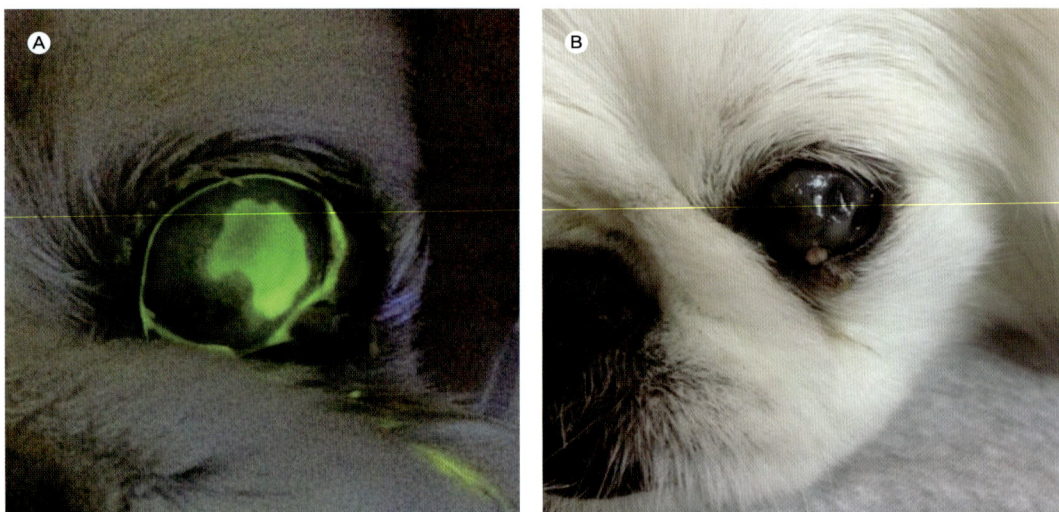

图1 A.穿孔前的角膜溃疡。经荧光素钠试纸染色，显荧光着色，角膜基质层大面积溃疡。B.就诊时左眼凹陷，局部浑浊，经诊断为左眼角膜穿孔

1、表2），有溶血性贫血表现。转院前对症治疗，并且针对病症多次反复使用甲状腺素提高免疫力，一旦停药病情反复。4月8日开始左眼出现溃疡，一周后左眼溃疡穿孔，转院来京。

表1　血常规检查*

检测项目	检测值	参考值范围
白细胞（WBC，10^9个/L）	50.230	6～17
中性细胞数（NEUT，10^9个/L）	48.04	2.8～10.5
淋巴细胞数（LYMPH，10^9个/L）	0.72	1.1～6.3
单核细胞（mono，10^9个/L）	1.43	0.15～1.35
嗜酸性粒细胞（EO，10^9个/L）	0.01	2～10
嗜碱性粒细胞（BASO，10^9个/L）	0.03	0
中性细胞比率（NEUT，10^9个/L）	95.70	60～77
淋巴细胞比率（LYMPH，%）	1.40	12～30
单核细胞比率（MONO，%）	2.80	3～10
嗜酸性粒细胞比率（EO，%）	0	2～10
嗜碱性粒细胞比率（BASO，%）	0.10	0～0
红细胞（RBC，10^{12}个/L）	0.82	5.5～8.5
血红蛋白（HGB，g/L）	41.00	120～180
红细胞压积（HCT，%）	8.34	37～55
红细胞平均体积（MCV，fL）	101.24	60～77
平均血红蛋白量（MCH，pg）	50.04	19.5～24.5
平均血红蛋白浓度（MCHC，g/L）	491.40	300～369
血小板（PLT，10^9个/L）	134.40	175～500

* 表示数据来源于宠物主人提供的外院检查数据。

表2 生化检查结果*

检测项目	检测结果	参考值范围
白蛋白（ALB，g/L）	29	24 ~ 78
丙氨酸转氨酶（ALT，U/L）	149	4 ~ 66
总胆红素（TBIL，μmol/L）	126	2 ~ 15
肌酐（CREA，μmol/L）	57	60 ~ 110

* 来源于宠物主人提供的外院检查数据。

2.2 首次就诊

2.2.1 初步检查 视诊可见该犬舌色及可视黏膜苍白，体格偏瘦，腰背过长，精神状态尚好，反应灵敏。触诊腰背敏感，主诉4年前患腰椎病。肛温为39℃，听诊心率不齐，其他未见异常。

2.2.2 化验结果 血常规：白细胞（WBC）偏高，红细胞（RBC）过低，C反应蛋白（CRP）1.15mg/dL，凝血酶原正常，甲状腺素（T4）8nmol/L低于正常。糖化血红蛋白因血红蛋白含量过低无法检测，并进行了生化检查等（表3至表7）。

表3 转院当日血常规指标

化验名称	单位	结果	参考值（下限）	参考值（上限）
WBC	10^9 个 /L	23.6	6	17
RBC	10^{12} 个 /L	3.30	5.5	8.5
HGB	g/L	84	120	180
HCT	%	27.5	37	55
MCV	fL	83.3	66	77
MCH	pg	25.5	19.9	24.5
MCHC	g/L	305	320	360
PLT	10^9 个 /L	923	200	500

表4 转院当日生化指标

化验名称	单位	结果	参考值（下限）	参考值（上限）
TP 总蛋白	g/L	64	52	82
ALB 白蛋白	g/L	30	22	39
GLOB 球蛋白	g/L	34	25	45
ALT 丙氨酸氨基转移酶	U/L	> 1 000	10	100
ALKP 碱性磷酸酶	U/L	> 2 000	23	212
TBIL 总胆红素	mmol/L	5	0	15
AST 天门冬氨酸氨基转移酶	U/L		0	50
GGTγ 谷氨酰转肽酶	U/L	198	0	7
NH₃ 血氨	mmol/L		0	98
CHOL 胆固醇	mmol/L	7.18	2.840	8.27
UREA 尿素	mmol/L	17.5	2.5	9.6

续表

化验名称	单位	结果	参考值（下限）	参考值（上限）
CREA 肌酐	mmol/L	57	44	159
CA 钙	mmol/L	2.45	1.98	3
PHOS 血磷	mmol/L	2.14	0.81	2.19
GLU 血糖	mmol/L	5.86	3.89	7.94
AMYL 胰淀粉酶	U/L	375	500	1 500
LIPA 脂肪酶	U/L	958	200	1 800

表5　转院当日C反应蛋白指标

化验名称	单位	结果	参考值（下限）	参考值（上限）
C 反应蛋白	mg/dl	958	1.15	1

表6　转院当日凝血酶原指标

化验名称	单位	结果	参考值（下限）	参考值（上限）
全血 APTT	S	74	60	93
全血 PT	S	12	11	14
T4	nmol/L	8	8.47	50.86

表7　转院当日甲状腺素指标

化验名称	单位	结果	参考值（下限）	参考值（上限）
T4	n mol/L	8	8.47	50.86

2.2.3 影像检查　X线片检查发现肝区肿大、肾脏有钙化区域。腹部超声：胆汁淤积（图2）。

2.2.4 眼科检查　荧光染色：强阳性+++，恫吓无反应（即：医师用手从被检测眼的外侧向同侧患眼缓慢做出威胁动作），炫目反射无反应。

2.2.5 初步诊断　患犬左眼角膜穿孔，并发葡萄膜炎和睑板腺瘤，并伴有贫血、甲状腺机能减退等症状。

2.2.6 治疗方案　角膜溃疡在正常条件下采取结膜瓣遮盖术进行手术治疗，但由于该犬属于高龄并伴有贫血状况，当天手术危险性很大。同时考虑该患犬长期贫血，局部微循环血供较差，术后组织恢复也会受到影

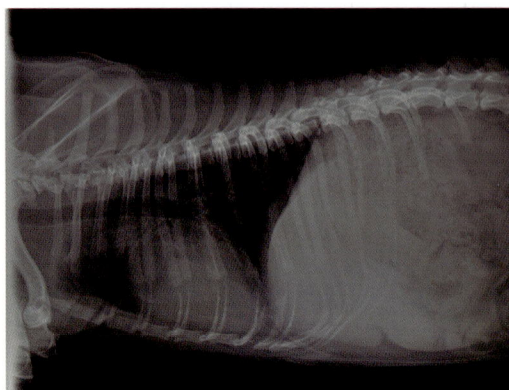

图2　患犬X线片检查，肝区略大

响，即可能出现所移植的结膜瓣无法与周边正常角膜组织结合生长，综合以上情况，确定了最终的治疗方案：

①针对左眼角膜穿孔需进行手术治疗，但考虑患犬身体状况，手术延期进行。

②停止原有激素治疗。因转院前医师描述多次停用激素有贫血复发情况发生，所以决定本次停用激素后，如果出现贫血复发，则改行输血疗法。

③隔天检测血常规，如红细胞升至正常范围，可考虑进行左眼穿孔修复手术。期间进行对症治疗，佩戴项圈，局部抗生素及胶原蛋白酶抑制剂点眼。

④结合患犬病史及体况进行中兽医辨证，采用的整体治则为：补虚补气活血。转院当天的药物处方见表8。

表8　转院当天药品处方

药品名称	用药方法		
曲匹布通片	每天3次	口服	0.25片/次，3次/天
甲状腺素片（进口）（0.1mg）	每天1次	口服	1.5片/（次·天）
源气2（5~15kg）	每天1次	口服	2片/（次·天）
快元1（5~15kg）	每天1次	口服	1片/（次·天）
全身心	每天1次	口服	2粒/（次·天）
速诺片（50mg）	每天2次	口服	1.5片/次，2次/天

2.3 治疗

按照上述治疗方案进行术前对症治疗，并停用激素。2016年4月19日在停用激素，改输血治疗效果良好，舌色粉红，左眼分泌物明显减少。建议监测血常规，并继续上述治疗，持续到4月22日，下午进行输血后，23日进行手术。

手术当天视诊该患犬舌色粉嫩，状态良好，饮食排便正常；血常规正常（表9）；C反应蛋白升高至3.6mg/dL；生化仍有异常，但综合考虑该犬整体状况恢复良好，当天行结膜瓣遮盖术（图3）。

术后配带项圈，按时点眼；输液改善肝肾异常指标；隔天复查血常规，术后7天来院复查，不适随诊。调节全身气血，改善结膜瓣血液供应。

表9　2016年4月23日血常规指标

化验名称	单位	结果	参考值（下限）	参考值（上限）
WBC	10^9个/L	10.8	6	17
RBC	10^{12}个/L	5.89	5.5	8.5
HGB	g/L	136	120	180
HCT	%	43.9	37	55
MCV	fL	74.5	66	77
MCH	pg	23.1	19.9	24.5
MCHC	g/L	310	320	360
PLT	10^9个/L	673	200	500

> 中兽医在腰椎间盘疾病的治疗中积累了丰富的经验，针灸与药物配合应用，疗效更佳。

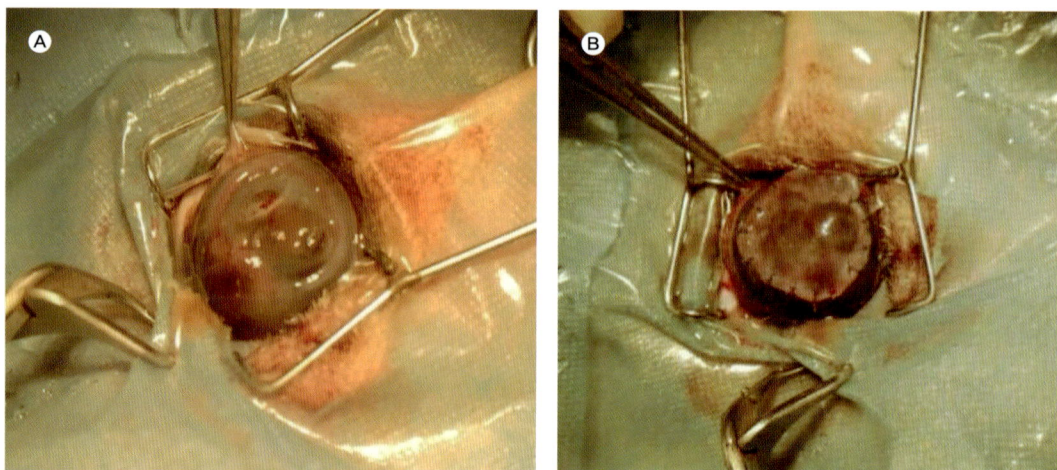

图3 A.术中清理患眼；B.结膜瓣遮盖术后

同时中西结合专家会诊：脉数，舌色青白，气血两虚。建议补气活血。中药处方：口服宁心片，术后10天，每天1次，1次1片，10天后，每天2次，1次1片。

2016年4月28日复诊，患犬神情自然。裂隙灯视诊术眼分泌物明显减少，眼表光滑清洁。结膜瓣血供充盈（图4），生长良好。血常规红细胞：略有上升，C反应蛋白：0.1 mg/dL，生化多项指标好转；然后经过多次复诊，结膜生长良好，血液指标也趋向良好（图5）。

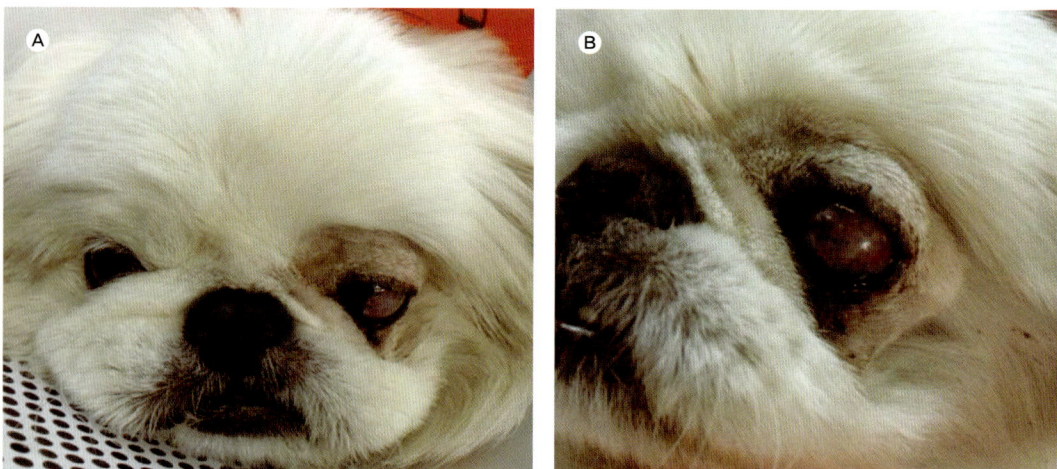

图4 A.手术当天结膜瓣供血良好；B.术后5天复诊患犬结膜瓣血供充盈

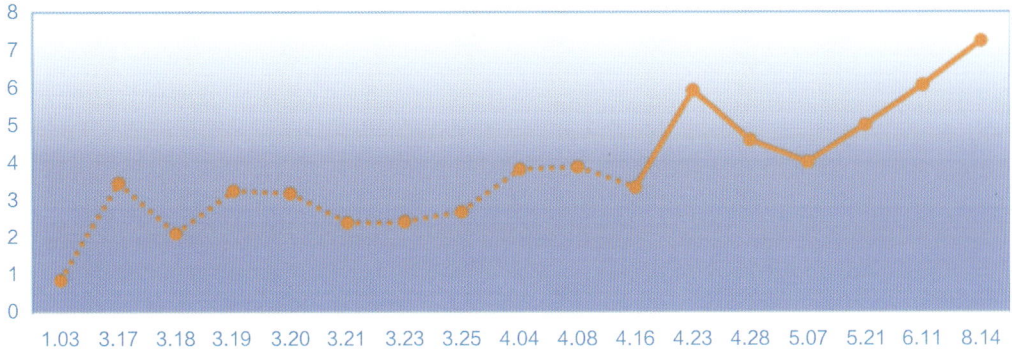

图5　患犬血常规曲线图，X轴为血常规检查日期，Y轴为红细胞数量。可见贫血症状随治疗明显改善

2016年5月7日复诊，主诉近期饮食良好，患犬充满活力，精神较之前明显好转。视诊：舌色比之前明显红润。精神矍铄，吠叫有力。在未输血前提下，血常规红细胞：3.97×10^{12}个/L，相比在当地检查轻度好转（3.45×10^{12}个/L）。生化指标较上次明显好转，胆固醇略微增高疑与最近吃较多肉蛋有关。荧光染色：+，恫吓反应：+，炫目反射：+。患眼视力明显改善。最后复诊时间为2016年8月14日，血常规：红细胞7.21×10^{12}个/L，CRP正常。T4：37 nmol/L，状态良好，基本治愈（表10至表13）。

表10　末次血常规指标

化验名称	单位	结果	参考值（下限）	参考值（上限）
WBC	10^9个/L	8.1	6	17
RBC	10^{12}个/L	7.21	5.5	8.5
HGB	g/L	147	120	180
HCT	%	46.7	37	55
MCV	fL	64.8	66	77
MCH	pg	20.4	19.9	24.5
MCHC	g/L	315	320	360
PLT	10^9个/L	822	200	500

表11　末次生化指标

化验名称	单位	结果	参考值（下限）	参考值（上限）
TP 总蛋白	g/L	77	52	82
ALB 白蛋白	g/L	39	22	39
GLOB 球蛋白	g/L	38	25	45
ALT 丙氨酸氨基转移酶	U/L	125	10	100
ALKP 碱性磷酸酶	U/L	279	23	212
TBIL 总胆红素	mmol/L	5	0	15

续表

化验名称	单位	结果	参考值（下限）	参考值（上限）
AST 天门冬氨酸氨基转移酶	U/L		0	50
GGT γ–谷氨酰转酞酶	U/L	1	0	7
NH₃ 血氨	mmol/L		0	98
CHOL 胆固醇	mmol/L	5.81	2.84	8.27
UREA 尿素	mmol/L	10.5	2.5	9.6
CREA 肌酐	mmol/L	65	44	159
CA 钙	mmol/L	2.51	1.98	3
PHOS 血磷	mmol/L	1.50	0.81	2.19
GLU 血糖	mmol/L	5.78	3.89	7.94
AMYL 胰淀粉酶	U/L	736	500	1500
LTPA 脂肪酶	U/L	1294	200	1800

表12　末次C反应蛋白指标

化验名称	单位	结果	参考值（下限）	参考值（上限）
C 反应蛋白	mg/dl	0.85		1

表13　末次甲状腺素指标

化验名称	单位	结果	参考值（下限）	参考值（上限）
T4	nmol/L	37		

2016年9月13日回访，主诉患犬一切正常，患眼恢复视力，可从地面跳上床和沙发。体重也由转诊时的6.7kg，增至8kg（图6）。

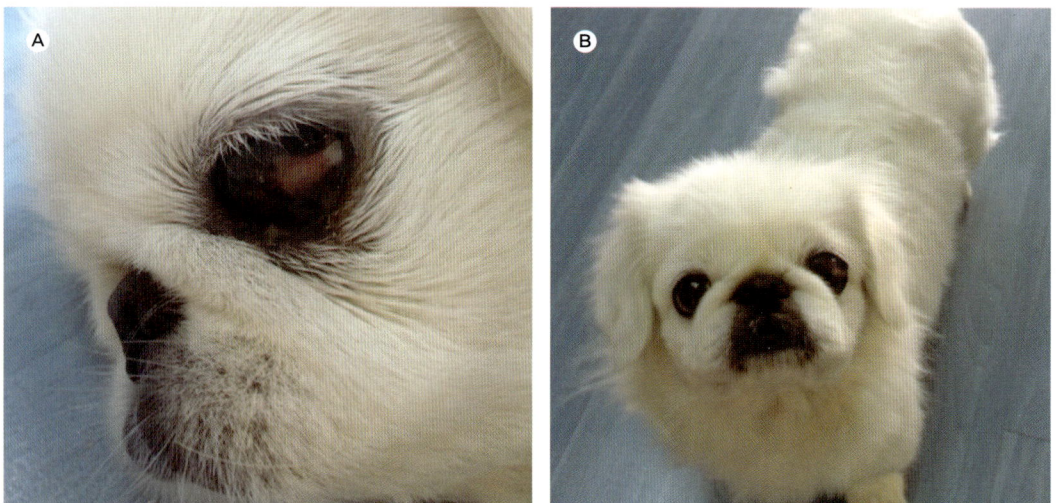

图6　术后近5个月复诊，患犬左眼可见洁膜供血良好，视力恢复，精神状态良好

3 讨论

有关西（兽）医对本病的病因、症状、诊断、治疗和预后等，国内外多数文献和书籍均有较为详细的记载和论述，本文在此不再赘述。

3.1 关于该病例病因的中西结合探讨

3.1.1 贫血的中兽医解读　中国传统兽医学并无贫血病名，现代中（兽）医学多以"虚劳""血虚""萎黄""虚黄""髓劳"等病证概括。

中兽医认为："气之所并为血虚，血之所并为气虚。"血虚是体内血量不足，致使肢体、百脉、脏腑、筋骨失于濡养而出现一系列衰弱病证的总称，其专指阴血虚少。

血虚之中，以心、脾、肝血虚较为多见。血虚证是由失血过多，或脾胃虚弱，或血液生化之源不足，或因瘀血阻滞、新血不生等原因所导致的血液不足或血液营养功能低下，组织器官失养的病理状态。临床常见舌面苍白、黄染，毛发不泽，唇舌、爪甲淡白、乏力等虚证。

3.1.2 该犬角膜穿孔的病因病机

①脏腑失调、气血两虚：中兽医认为：眼为脏腑之精华，赖"气血津液"濡养，五

结合该病例的治疗过程我们不难看出，现代西医兽医学更注重外因，遂多用"对抗"疗法，传统中兽医学则更注重内因，并强调整体观念，讲究"调节"，遂多用"平衡"疗法。当遇到"疑难杂症"而束手无策时，不妨考虑从中兽医或中西结合的角度出发，或许很多棘手问题便会迎刃而解，并获得超出期待的满意疗效。

脏六腑之精气皆上注于目。诸血注于心，诸脉注于目；肝开窍于目，上联目系，受血而能视。肝气不足，患目不明；脾统血，血养目，脾气上升，目窍通利。心、肝、脾对血的主持、储藏、调节、统摄，肺气的输布、脾气的运化、肾藏精主津液，共同维持眼的正常功能。若脏腑功能失调（该犬长期贫血，胆泥淤积，肝脏肿大），气血不和，则眼疾而发。

②激素治疗的副作用：胶原蛋白酶是受损角膜愈合的重要因素，而糖皮质激素（因按照免疫介导性贫血治疗，该犬长期使用激素）可使其活性提高大于14倍，会抑制角膜上皮细胞和内皮细胞的再生，降低成纤维细胞活性，提高炎性细胞浸润，释放更多的胶原蛋白酶，溶解胶原纤维，使角膜基质层变薄，缺乏韧性。从而增加角膜感染几率，最终导致角膜穿孔。

转院前，该犬治疗贫血期间，曾长期全身使用激素类药物以改善贫血症状。因此据上所述，有理由怀疑其也是角膜穿孔原因之一。

③机械性摩擦：该犬左眼下睑长有睑板腺瘤，可对邻近角膜造成长期的机械性摩擦，另该犬为京巴犬，鼻褶的毛发也会对邻近角膜产生局部刺激。在这两种物理刺激的长期共同作用下，可造成角膜上皮和基质的缺损。

3.2 中兽医辨证施治

3.2.1 辨证　患病前，该犬健康无恙多年，生活环境和饮食内容均无明显变化。综合上述情况，认为其主要是因年事已高，机体机能自然衰退，脏腑功能不足所致的的气血亏损，故应根据辨证施治，调节气血平衡，增强体质。

3.2.2 中药选择　根据患犬病史及症状进行中兽医辨证，选药功效宜为：补气活血。

a.【犬猫专用中成药组方】由红景天、食用蚁、五加皮、人参、薏苡仁组成。【功效】

补气。

b.【犬猫专用中成药组方】由水蛭、三棱、莪术、山楂、心沙棘组成。【功效】活血。

4 结语

犬角膜溃疡是京巴犬临床常见疾病，治愈率高。但本病例中该犬由于溃疡时间较长，以致角膜穿孔，且有贫血症状，整体体况不佳，如果当时进行手术，则很可能术中出现危险。

考虑该犬患有贫血，而犬溶血性贫血最常见的就是免疫介导性贫血[1]，如果贫血类型确实是免疫介导性贫血，其发病机制具有典型特点[2, 3]，该机制会导致红细胞加速破坏，进而引发贫血的一系列临床综合征。有报道称原发性犬免疫介导性贫血致死率在26%～60%[4-6]。目前临床多用糖皮质激素或免疫抑制剂取得短时的疗效，但长期使用可导致机体免疫力下降及产生相关并发症状。而文中病例经中西结合诊疗及辨证论治，收效良好。

中兽医学的辨证及中药对于患犬贫血症状，体质虚弱的体况具有明显改善作用，并使患犬摆脱了长期依赖激素治疗贫血且停药后反复发作的痛苦。且中药的应用在短期内明显改善了患犬的贫血症状及身体状况，使得手术得以实施，并对术部修复起到了不可或缺的作用。

结合该病例的治疗过程我们不难看出，现代西医兽医学更注重外因，遂多用"对抗"疗法，传统中兽医学则更注重内因，并强调整体观念，讲究"调节"，遂多用"平衡"疗法。当遇到"疑难杂症"而束手无策时，不妨考虑从中兽医或中西结合的角度出发，或许很多棘手问题便会迎刃而解，并获得超出期待的满意疗效。

a. 源气：口服5kg/片，1日/次。
b. 快气：口服5kg/片，1日/次。

审校：金艺鹏　中国农业大学

参考文献

[1]　Swann JW, Skelly BJ. Systematic review of evidence relatingto the treatment of immune-mediated hemolytic anemia in dogs. JVet Intern Med, 2013,（27）:1–9.

[2]　Barker RN, Elson CJ. Red blood cell glycophorins as B andT-cell antigens in canine autoimmune haemolyticanaemia. VetImmunolImmunopathol, 1995,（47）:225–238.

[3]　Tan E, Bienzle D, Shewen P, et al. Potentially antigenicRBC membrane proteins in dogs with primary immune-mediatedhemolytic anemia. Vet ClinPathol, 2012,（41）:45–55.

[4]　Jackson ML, Kruth SA. Immune-mediated Hemolytic Anemia and Thrombocytopenia in the Dog: a retrospective study of55 cases diagnosed from 1979 through 1983 at the Western Collegeof Veterinary Medicine. Can Vet J, 1985,（26）:245–250.

[5]　Duval D, Giger U. Vaccine-associated immune-mediatedhemolytic anemia in the dog. J Vet Intern Med, 1996,（10）:290–295.

[6]　Reimer ME, Troy GC, Warnick LD. Immune-mediatedhemolytic anemia: 70 cases（1988–1996）. J Am AnimHospAssoc, 1999,（35）:384–391.

病史　你的诊断是什么？
What is your diagnosis?

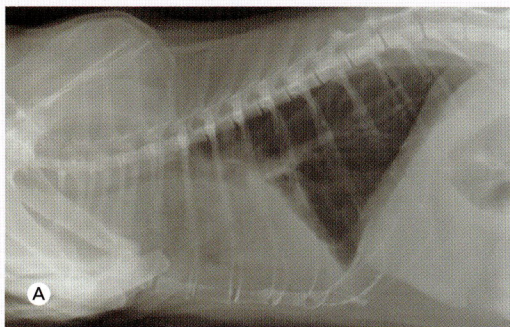

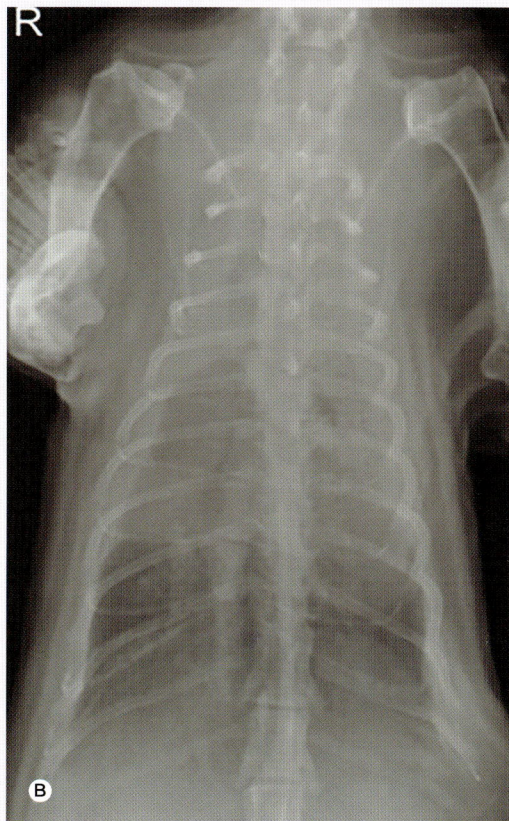

图1　A.右侧位　B.正位　该猫因在接受镇静状态下鼻腔冲洗后突发持续12h的急性呼吸窘迫而入院检查。鉴于患猫结构与呼吸窘迫，难以摆出正确体位来拍摄X线片，从而使前肢与胸部重合

　　一只5岁，3.4 kg（7.5 lb），绝育雌性（Munchkin-Minskin）混血猫，因突发持续12h的急性呼吸窘迫而入院检查。猫主人于2年前收养该猫，但在收养时，该猫患有长达2年的慢性鼻炎，通过口服给予抗菌药物和皮质类固醇进行了长期治疗。猫主人收养该猫后，停止给予上述药物，但进行了鼻甲骨复位手术，同时对鼻腔进行周期性冲洗，据称该猫对冲洗耐受良好。来院就诊前一天，该猫在全麻状态下鼻腔冲洗后复苏良好，但出院时猫主人注意到该猫呼吸与正常相比较为吃力，这种情况持续了整晚。

　　临床检查可见该猫呼吸急促（60次/min），伴有明显呼吸困难。心率和直肠温度位于参考范围内。血液检查结果显示存在呼吸性酸中毒，伴有代谢性补偿[pH为7.236（参考范围为7.337～7.467），Pco_2为61.4 mmHg（参考范围为36.0～44.0 mmHg），碳酸氢钠为26.3 mmol/L（参考范围为18～24 mmol/L）]，血清氯浓度下限为104.0 mmol/L（参考范围为104～109 mmol/L）。红细胞比容和血清总蛋白浓度处于参考范围下限[PCV为28%（参考范围为28%～40%），总蛋白浓度为6.6 g/dL（参考范围为5.7～8.0 g/dL）]。血常规可见白细胞增多[36.4×10^3个/μL（参考范围为4.5×10^3～15.7×10^3个/μL）]、中性粒细胞增多症（33.12×10^3个/μL（参考范围为2.1×10^3～10.1×10^3个/μL）]和淋巴细胞数处于参考范围下限[1.43×10^3个/μL（参考范围为1.1×10^3～6.0×10^3个/μL）]。相关人员认为检测结果非常符合应激白细胞象。

　　根据该猫特征、病史、临床症状及实验室检查结果，主要鉴别诊断包括肺炎或心脏病，以及近期麻醉和住院治疗导致的充血性心衰。为此，我们拍摄了右侧向和背腹侧胸部X线片（图1）。

请确定是否需要进行其他影像学检查或根据图1做出你的诊断

——结果见40页

寰枢椎不稳定
Atlantoaxial instability

译者：陈立坤*
原文作者：Meghan　C. Slanina
选自：北美兽医临床，2016（46）

关键词：寰枢椎不稳定，寰枢椎半脱位，颈椎脊髓病，犬

关键点：

- 寰枢椎不稳定是一种先天性疾病，主要发生于玩具品种犬；但是大型犬及猫也会发生，而且创伤性寰枢椎不稳定可以发生于任何年龄或任何品种的犬。
- 寰枢椎半脱位的X线征象包括枢椎向背侧移位进入椎管内、寰椎椎弓板与枢椎棘突之间距离增大、齿突缺失或结构异常。
- 尽管有人主张对出现神经功能障碍或对药物治疗无效的病例选择手术，然而就最佳手术技术尚无统一认识。

---

1 简介

寰枢椎半脱位最早在1967年报道于犬。先天性寰枢椎半脱位主要发生于年轻玩具犬，典型代表品种有：约克夏㹴、博美、小型及玩具泰迪、吉娃娃、京巴。但大型犬和猫也会发生。导致寰枢关节不稳定的先天性异常包括：齿突不发育、齿突发育不全、齿突成角畸形或退化及韧带性支撑缺失或不足。其他先天性异常包括寰椎不完全骨化或融合椎。获得性寰枢椎半脱位继发于创伤，可发生于任何年龄或品种的犬。自寰枢椎不稳定的最初报道之后，越来越多的报道涌现出来，阐明关节不稳定或半脱位的潜在原因及比较不同的治疗方案。

2 解剖

寰枢关节是一个独特的关节，在纵向面的运动上起到支点作用；因此前两个颈椎的解剖与剩余几个颈椎有很大不同，以达到该功能。寰椎或C1是第一颈椎，它与枕骨及枢椎或C2构成关节。与其他颈椎不同的是，寰椎没有棘突，有较大的被称为寰椎翼的横突，且椎体较小，形成腹侧椎弓。寰椎的外侧部分被称为外侧部，它们连接背侧及腹侧椎弓。腹侧椎弓有一个凹陷，被称为齿突凹，齿突凹与枢椎的齿突构成关节。寰椎腹侧椎弓头侧面的头侧关节窝与头骨的枕骨髁构成了寰枕关节，主要负责头垂直方向上的运动。位于寰椎椎体背侧的尾侧关节窝与枢

译者简介
陈立坤　中国农业大学，751076847@qq.com。

椎特定的关节突构成关节，此关节位于寰枢椎之间，负责头的旋转运动。

枢椎是最长的颈椎，与其他颈椎不同的是：枢椎有明显的棘突，在枢椎的前腹侧存在被称为齿突的骨性隆起。齿突位于寰椎的齿突凹内，由位于齿突背侧的横韧带固定。在齿突的最顶点处有个独立的骨化中心，被称为头寰椎，有人认为这是哺乳动物的椎体遗迹。头寰椎骨化然后在出生后106天左右与齿突融合。在未融合或不完全骨化的时期，常会被误诊为齿突骨折。

除了齿突横韧带，齿突尖韧带及两个齿突翼韧带帮助固定寰枢关节。齿突尖韧带连接齿突顶端的中心与枕骨底的骨骼。成对的齿突翼韧带连接在齿突尖韧带的两侧，然后向外侧与相应侧的枕骨髁内侧相连接。寰枢关节较薄且松的关节囊及在寰枢椎椎弓之间的寰枢背侧薄膜也有助于关节稳定。

有人在犬的尸体上进行过环椎-枢椎间单个韧带稳定性的研究，方法是用牵拉测试仪在颈椎的环椎和枢椎处反向（向背侧和向腹侧）牵拉，用该剪切力对生物学力学效应进行评估。Reber及其同事的研究表明，寰枢韧带中起最大固定作用力的韧带是齿突翼韧带。而对于人类来说起最大固定作用的是齿突横韧带。

3 临床症状

寰枢关节不稳定常导致过度屈曲，从而引起寰椎相对于枢椎背侧半脱位，最终导致脊髓创伤。病患临床症状的严重程度从颈部疼痛到瘫痪不等，这与半脱位导致的脊髓压迫或冲击式损伤有关。最严重的病例中，半脱位会导致呼吸麻痹及死亡。寰枢椎不稳定的神经症状急性或隐性发生。

对于任何表现C1-C5脊髓病症状的年轻玩具品种犬，都应怀疑寰枢椎半脱位。神经学检查中，一定要注意避免颈部活动的操作，尤其是向腹侧屈曲。曾报道的文章中，就诊时的神经学症状如下：

- 颈部疼痛，24.9%（54/217）的病例有轻度共济失调
- 34.1%（74/217）的病例表现中度至严重共济失调或轻瘫，但可行走
- 34.5%（75/217）的病例表现为无法走动性截瘫
- 6.5%（14/217）的病例表现为四肢瘫痪

患C1-C5脊髓病的年轻犬的鉴别诊断包括脑膜脊髓炎、脊椎骨折、椎间盘性脊柱炎、脊柱蛛网膜囊肿、椎间盘疾病及肿瘤（可能性小）。椎间盘突出对于小于1岁龄的犬来说不常见，除非与创伤性事故相关。肿瘤也不常见于幼年犬，且蛛网膜憩室常不会导致严重的颈椎疼痛。

4 诊断

寰枢椎不稳定的诊断主要通过X线片；然而，高级影像学例如CT及MRI可以提供更多的信息，并利于手术方案的制定。

与寰枢椎半脱位相关的X线征象包括：枢椎背侧移位进入椎管内、寰椎椎弓板与枢椎棘突之间距离增大、齿突发育不全、不发育或背侧成角畸形（图1）。如果仅侧位X线片不足以做出诊断，可以谨慎地屈曲患犬颈椎，这样可以给出更多的诊断信息。理想状态下，应该使用透视来获得动态影像以防止半脱位及避免神经症状的加剧、呼吸麻痹或死

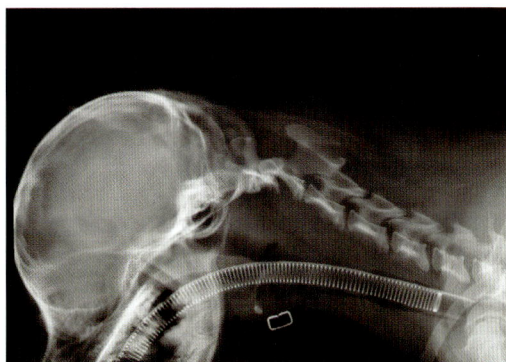

图1 1岁龄约克夏㹴的侧位X线片显示寰枢关节半脱位，枢椎背侧移位进入椎管内且寰椎椎弓板与枢椎棘突之间距离增大

亡。虽然侧位X线片已经足以进行诊断，但腹背位或斜位可以帮助我们评估齿突。McLear和Saunders通过评估正常犬脊髓造影后的寰枢关节来评估正常运动范围。他们发现诊断寰枢椎不稳定时，寰椎与枢椎之间的角度变小比寰枢椎重叠更可靠，小于162°即说明不稳定。

脊髓造影可用来诊断寰枢椎不稳定，但是鉴于脊髓造影的风险及其他高级影像学诊断方式如CT、MRI的应用，这种操作并不是一种理想的选择。CT是评估脊柱骨骼最好的影像学检查方法，有助于我们评估齿突结构、排查齿突骨折或脊椎骨折（图2 A，C）。CT还有可以提供骨骼通路测量的信息及为手术方案的制定而进行3D重建。术后CT有助于我们评估植入物与脊柱椎管的关系（图2B、D；图3B）。

MRI是评估软组织最好的影像学检查方式，但评估骨骼方面不如CT。可被用来评估可能与寰枢椎不稳定相关的脑内实质病变，如水肿、出血或脊髓空洞症，这些评估可提供预后信息，并且可以排除并发的神经性疾

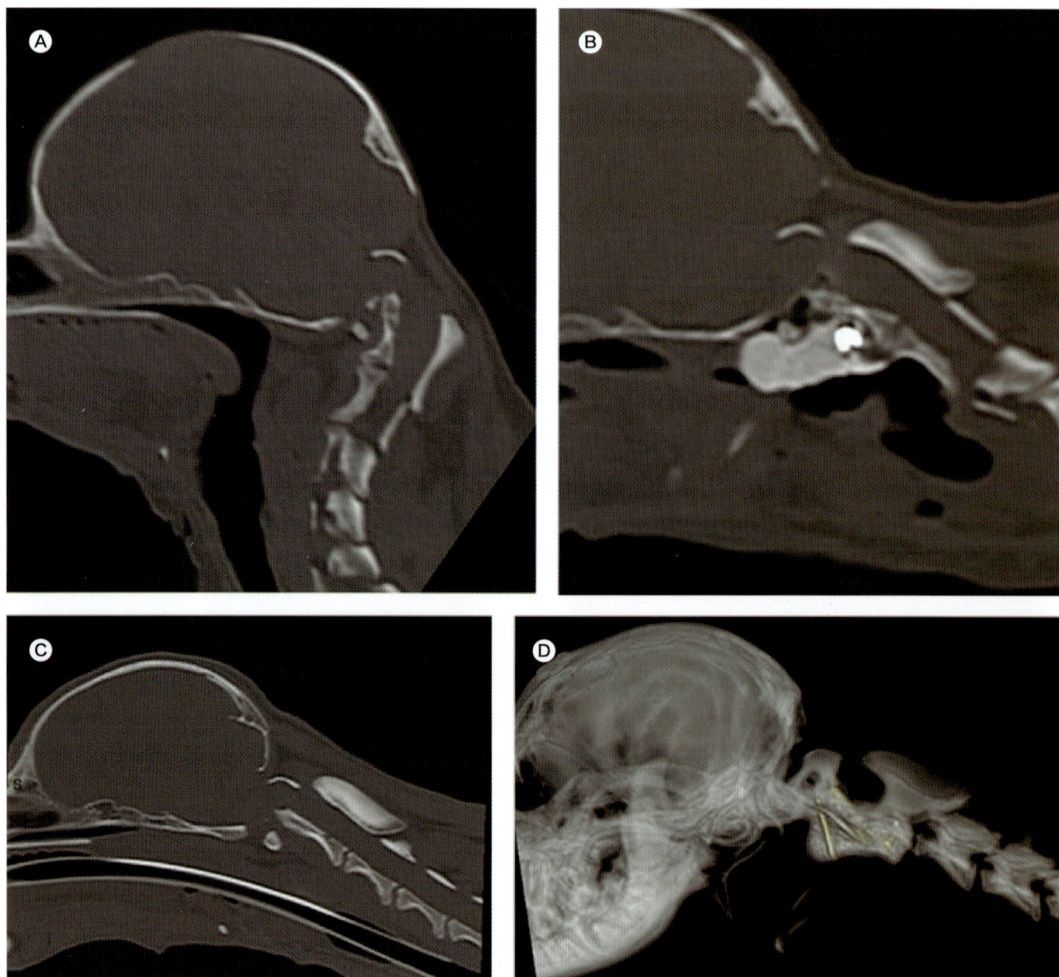

图2 10月龄吉娃娃犬的寰枢关节术前（A）及术后（B）正中矢状面CT影像及患有寰枢椎半脱位的6月龄吉娃娃犬的术前（C）及术后（D）3D重建CT影像。（A、C）寰枢关节分别严重及中度半脱位。（B、D）通过腹侧螺钉固定和PMMA进行脱位的整复及固定

病（图3A）。在人类研究中发现，MRI低估了寰枢椎半脱位的严重性，不应该作为排除寰枢椎半脱位的唯一诊断方式。Middleton及其同事给出了一个评估寰枢关节韧带及关节囊的MRI规程；然而，还没有关于韧带异常的病患的研究。

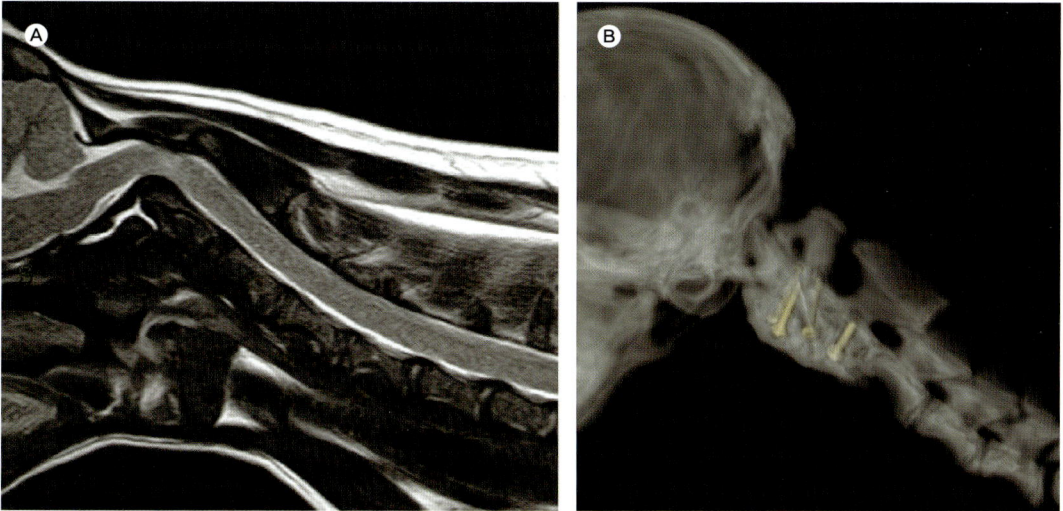

图3　9月龄约克夏㹴术前正中矢状面MRI（A）及术后CT 3D重建影像。注意寰椎椎弓板与枢椎棘突之间的距离增大，脊髓向背侧偏移，且C1与C2之间脊髓狭窄且信号增强。术后，注意寰椎椎弓板与枢椎棘突之间的距离减小

5 治疗

　　寰枢椎半脱位内科治疗的目标是是寰枢关节形成纤维组织来固定关节，防止进一步半脱位。手术治疗的目标是复位半脱位，以解决压迫且固定寰枢关节来防止进一步半脱位及挫伤。

　　寰枢椎不稳定的手术治疗主要提倡用于表现出神经功能障碍或内科治疗无效的颈部疼痛的病患，内科治疗主要针对仅有颈椎紧张或轻微的神经功能缺失、麻醉风险高、关节轻微错位，或由于经济原因无法手术的患犬。寰枢关节的固定具有挑战性，因为大多数患犬体型较小且骨骼未发育成熟、植入物植入的通路较小、手术靠近致命结构。因此，有很多不同的手术方法的报道，来比较手术的效果及安全性。

5.1 内科治疗

　　内科治疗包括颈部夹板固定，疼痛管理及严格限制运动。Having及其同事提出了玻璃纤维的使用，使用玻璃纤维进行腹侧及背侧夹板固定，内部填充软垫绷带。腹侧夹板从下颌一直向后延伸至剑突。背侧夹板固定从框骨尾侧一直延伸至最后胸椎。夹板固定后的患犬平均静养8.5周，62.5%（10/16）的患犬有较好的临床结果，临床结果较好是指

　　脊髓造影可用来诊断寰枢椎不稳定，但是鉴于脊髓造影的风险及其他高级影像学诊断方式如CT、MRI的应用，这种操作并不是一种理想的选择。CT是评估脊柱骨骼最好的影像学检查方法。

神经学步态正常或伴有共济失调或阵挛的走动。基于这些结果，笔者建议那些急性出现神经症状、骨骼未发育成熟不足以提供足够固定力或主人经济能力不能支付手术治疗的患犬可以考虑内科治疗。颈部夹板固定的病例中36.8%（7/19）出现了并发症，其中包括固定不稳、湿性皮炎、皮肤溃疡、角膜溃疡及褥疮性溃疡。

5.2 背侧手术

寰枢椎不稳定的背侧手术通路在技术上比腹侧手术通路难度小且更安全，并且能够很好地暴露术野。然而，背侧手术不会提供寰枢关节关节融合术的通路。由于不能进行寰枢关节关节融合术，背侧手术依赖于植入物固定寰枢关节直至纤维性瘢痕组织形成。植入物置于C1及C2的骨皮质内，大多数病患的骨皮质薄，所以如果在纤维组织形成之前植入物失效，神经症状会复发。

文献中已经描述过为使寰椎背侧椎弓连接至枢椎棘突的不同种类的背侧手术，包括使用金属牵引器、颈背韧带、骨科金属丝或缝线。骨科金属丝或缝线的放置需要穿过寰椎椎管，这能引起严重的医源性脊髓损伤及死亡。其他背侧手术比如使用Kishigami寰椎张力带、使用颈背韧带、使用缝线环将枢椎连接在枕骨的颅侧斜肌（Obliquus capitis cranialis muscle），且背侧固定术有助于避免金属丝穿过寰椎椎管的硬膜外腔这种高风险操作。背侧手术的并发症包括缝线断裂、枢椎骨折、心肺骤停及复位失败。

5.3 腹侧手术

通过腹侧手术通路可对脱位进行复位、到达齿突及寰枢关节，这样就能够进行骨骼刮除、骨移植，最终骨性融合。然而，腹侧手术通路需要围绕重要的器官进行分离，包括：颈动脉鞘、喉部、甲状腺和甲状腺血供。腹侧正中矢状旁通路需要的分离较少，保护了重要器官，且手术术野更优化。腹侧手术使用骨板、阳性螺纹髓内针、螺钉及克氏针进行寰枢椎固定，很多手术都用或不用

聚甲基丙烯酸甲酯（Polymethyl methacrylate，PMMA）。

固定之前，必须对半脱位进行复位。Forterre及其同事报道了一项技术：放置小的自限性Gelpi开张器，头侧在寰枕关节水平，尾侧在C2-C3开窗术水平。这项技术使我们在可视化情况下手持固定器材或脊椎螺钉对关节进行复位。半脱位复位之后，去除关节软骨，然后进行固定。

腹侧手术技术的好处是可暴露寰枢关节，这样可以去除关节软骨、放置骨移植物、关节融合，以提供长期固定作用。Sorjonen和Shires进行尸检发现10/12只犬在术后6周通过纤维组织（3/10）或软骨组织（8/10）或骨性连接（4/10）固定。术中使用PMMA的病例，很难通过放射学评估关节融合术，因为放射影像上关节不可见。虽然尚未显示长期的固定是否需要寰枢关节关节强直，但这可能有帮助。

在大多数病患固定椎体都有难度；然而，先天性寰枢椎半脱位的犬主要发生于小型犬、玩具犬，且骨骼未发育成熟，这就使得手术难度加大。手术需要多种方法，包括使用髓内针、锁定骨板、克氏针及有或无PMMA的椎体螺钉。这么多手术方法的目的是最大限度地增加植入物数量及大小来分担固定脊椎的力，但是一定要注意骨骼可接受的植入物的数量。一项研究借助CT研究了玩具品种犬的跨关节螺钉放置的骨骼通道，研究表明骨骼通道的范围为3~4.5mm，穿过骨骼的最窄处的通道的最大值约3.5mm。鉴于这些测量，比较重要的一点是术中尽可能使用较大直径的螺钉，这样可以降低螺钉拉力，玩具犬一般建议1.5~2mm的螺钉。

PMMA常常与髓内针、克氏针或螺钉一起用于腹侧固定手术，主要为了防止植入物松动。一项研究中，32.5%（13/40）的腹侧手术使用了PMMA。那些没有使用PMMA的手术，30%（8/27）的病例骨针发生移行。使用

在大多数病患固定椎体都有难度；然而，先天性寰枢椎半脱位的犬主要发生于小型犬、玩具犬，且骨骼未发育成熟，这就使得手术难度加大。手术需要多种方法，包括使用髓内针、锁定骨板、克氏针及有或无PMMA的椎体螺钉。目的是最大限度地增加植入物数量及大小来分担固定脊椎的力，但是一定要注意骨骼可接受的植入物的数量。

PMMA的并发症包括温度烫伤、压力性坏死及感染。

腹侧手术需要再次手术的并发症包括：植入物移动、植入物失败或复位失败。其他不需要再次手术的并发症包括：出血、吸入性肺炎、喉麻痹、咳嗽、作呕、呼吸困难、霍纳氏综合征、声音改变、骨针断裂、植入物松动或移动、寰椎或枢椎骨折、气道损伤或坏死、食管狭窄及斜颈。

6 预后

Beaver及其同事比较了影响寰枢椎固定手术的风险因素，发现背侧手术（88.9%）和腹侧手术（85.3%）的手术成功率相当；但是就犬术后神经功能障碍的发生率来说，背侧手术（44.4%共济失调，11.1%颈部疼痛）高于腹侧手术（19.4%共济失调，9.7%颈部疼痛）。相对而言，62.5%内科治疗的病例神经症状好转。除手术之外，也对其他影响病患预后的因素进行了评估。发现临床症状急剧发作是成功的神经学结果的指示。有些研究指出临床症状发生的年龄对于预后有一定的指示意义，但该发现没有出现在所有研究中。有些研究中指出，就诊时神经症状的严重性与结果的关系不大，但其他研究表明很多存在最严重神经功能障碍的病患也会发展为神经学功能正常。术后的寰枢椎复位及齿突的影像学特征与结果无关。

不同研究结果的直接比较很难进行，因为每个研究使用的评估成功结果的标准及神经学评分系统不同。表1比较了在已筛选出的文献中的背侧手术、腹侧手术及内科治疗的结果。这个表格中，结果良好的定义为最终神经学分级为4或5（共济失调但可行走，或有/无颈部疼痛的可行走且步态正常）。结果满意的定义为轻瘫但可移动，包括有些发生植入物失败或继发性椎体骨折但不需要再次手术治疗来纠正植入物失败的病例。如果需要再次手术，首次手术即视为失败，第二次手术评估依据之前的标准进行。未随访的动物没有计算在内（表1）。

Plessas 和 Volk对从1967—2013年已发表的病例进行了系统性回顾。他们发现84.5%（284 / 336）的病例进行了手术，70.8%（201/284）接受了腹侧手术，29.2%（83/284）接受了背侧手术。腹侧手术中82.6%（166/201）的病例及背侧手术中65.1%（54/83）的病例都取得了成功。11.6%（39/336）的病例进行了内科治疗，71.8%（28/39）的犬结果良好，即最终神经学评分为4或5（共济失调但可行走，或有/无颈部疼痛的可行走且步态正常）。围手术期死亡率为：腹侧手术死亡率为5%，背侧手术死亡率为8%。

急性及慢性脊髓损伤能导致病理性变化，如脱髓鞘、轴突退化、神经胶质增生或脊髓软化，这些可能是永久性的，且对手术治疗无反应。在那些治疗无改善的病例，持续的不稳定或伴发的神经性疾病也可能会导致进行性或持续性神经症状。

7 总结

寰枢椎不稳定是主要发生于玩具犬的先天性神经性疾病。颈椎前段脊髓病的典型神经症状主要发生于年轻犬，表现为从颈椎疼痛至瘫痪各异。诊断依靠X线平片，但高级影像学更有助于手术方案的制定，有助于评估脊髓并且排除伴发的神经性疾病。治疗包括内科治疗或手术治疗，表现出神经缺陷的犬或那些颈部疼痛经过内科治疗无好转的犬更倾向于进行手术治疗。手术预后常较好。预后良好的指证包括神经症状急性发作及年轻时发病。

表1　文献中报道的寰枢椎半脱位病例的保守治疗及手术治疗的结果比较

作者	保守疗法		
	良好极好[a]	满意[b]	死亡或安乐[c]
Having et al, 2005	62.5%（10/16）	62.5%（10/16）	37.5%（6/16）
背侧手术			
Pujol et al, 2010	75%（6/8）	75%（6/8）	25%（2/8）
Jeffery, 1996	100%（1/1）	100%（1/1）	0%（0/1）
Sánchez-Masian et al, 2004[d]	68.8%（11/16）	68.8%（11/16）	6.3%（1/16）
Dickomeit et al, 2011	100%（3/3）	100%（3/3）	0%（3/3）
Thomas et al, 1991[d]	37.5%（3/8）	62.5%（5/8）	14.3%（1/7）
Beaver et al, 2000[d]	75%（9/12）	75%（9/12）	8.3%（1/12）
Total	68.8%（33/48）	72.8%（35/48）	10.1%（5/47）
腹侧手术			
Sánchez-Masian et al, 2014[d]	100%（2/2）	100%（2/2）	0%（0/2）
Shores & Tepper, 2007	100%（5/5）	100%（5/5）	0%（0/5）
Platt et al, 2004	63.2%（12/19）	84.2%（16/19）	15.8%（3/19）
Aikawa et al, 2013	81.6%（40/49）	93.9%（46/49）	4.1%（2/49）
Thomas et al, 1991[d]	50%（10/20）	50%（10/20）	38.9%（7/18）
Beaver et al, 2000[d]	77.5%（31/40）	77.5%（31/40）	12.5%（5/40）
Total	74.1%（100/135）	81.5%（110/135）	12.8%（17/133）

[a] 良好——神经学评分4分（共济失调但可走动）或5分（正常 ± 颈部疼痛）；所占手术治疗病例比例。
[b] 满意——神经学评分3分（轻瘫但可走动）或更高；所占手术治疗病例比例。
[c] 死亡或安乐死——继发于寰枢椎半脱位的临床症状或手术并发症；所占手术治疗病例比例。
[d] 研究中有些病例中不仅实施了一种手术方法。

审校：袁占奎　中国农业大学
（参考文献略，需者可函索）

一句话新闻
N E W S

2017北美兽医大会（NAVC） 于美国佛罗里达奥克兰当地时间2月4日~2月8日在奥兰治国家会议中心召开，该会议吸引了全球各地的兽医聚集于此，并有全球数百厂家参展。

犬猫皮肤常见肿瘤的细胞学判读——上皮细胞瘤
Common Skin tumor cytology in canine and feline patients——Epithelial cell tumors

佘源武*　陈瑜

广州百思动物医院，广东广州，510240

摘要： 在皮肤肿瘤的诊断中，细胞学是一项非常有用的检查。根据肿瘤的细胞学形态特征，我们将皮肤常见的肿瘤分为4个类别，包括圆形细胞瘤、间质细胞瘤、上皮细胞瘤以及裸核细胞瘤。常见的上皮细胞肿瘤包括鳞状细胞癌、基底细胞肿瘤、皮脂腺瘤/腺癌、肛周腺腺瘤、肛门囊腺癌、耵聍腺腺瘤/腺癌。本文对常见上皮细胞肿瘤的细胞学特征进行介绍。

关键词： 上皮细胞肿瘤，腺瘤，癌，腺癌

Abstract: Cytology is a very useful tool in the diagnose of skin tumors. Based on the characteristics of the cells, skin tumors can be classified into four categories, including round cell tumors, mesenchyma cell tumors, epithelial cell tumors and naked nuclei cell tumors. Further, epithelial cell tumors can be subdivided into squamous cell carcinoma, basilar cell neoplasms, sebaceous adenoma/ adenocarcinoma, perianal gland adenoma, anal sac adenocarcinoma and ceruminous gland adenoma/adenocarcinoma. This paper introduces the cytology of the skin tumor.

Keyword: Cytology, tumor carcinoma, adenocarcinoma

上皮细胞肿瘤经常起源于腺体、实质组织等，对上皮细胞肿瘤进行细针抽吸通常能够获得较多的细胞学样本。细胞学上，细胞通常成簇排列，形成球状或单层片状结构。细胞通常是圆形、柱状形或星形，可能含有不同数量的细胞质。上皮细胞可能会由于炎症的存在而出现恶性的表现，因此在炎症情况下，对上皮细胞的形态进行评估时应该十分谨慎。在没有炎症的情况下，如果上皮细胞表现出很多恶性的指征，提示该肿瘤可能是癌或者腺癌[1]。然而大多数情况下，需要进行组织病理学检查以明确的肿瘤类型。常见的上皮肿瘤包括鳞状细胞癌、基底细胞肿瘤、皮脂腺瘤/腺癌、肛周腺腺瘤、肛门囊腺癌、耵聍腺腺瘤/腺癌。

通讯作者

佘源武　广州百思动物医院，308628693@qq.com。

Corresponding author: Yuanwu She, 308628693@qq.com, Guangzhou Blessing Veterinary Hospital.

1 鳞状细胞癌
（Squamous cell carcinoma）

　　鳞状细胞癌是犬猫中常见的皮肤肿瘤，可以表现为单个或多个，浸润性或溃疡性病灶。鳞状细胞癌在犬的皮肤肿瘤中占2%，而在猫的皮肤肿瘤中占15%。鳞状细胞癌常发生于犬的四肢以及猫的耳廓或脸部等毛发稀疏的部位。该类型的肿瘤通常造成严重的局部侵袭，并且可能转移至局部淋巴结。那些位于趾部的肿瘤通常高度恶性，并且有很大的机会可能转移。鳞状细胞癌的细胞学特征是出现不规则边缘的细胞，含有丰富、均质透明的细胞质和位于中央的细胞核。肿瘤细胞出现不同的成熟阶段：从不成熟、较小的有核立方上皮细胞，细胞内含有深度嗜碱性细胞质，至更加成熟、无核的完全角化细胞。可能存在成熟不同步的迹象，如完全角化的细胞中仍保留有较大的核仁。明显的细胞核大小不等，染色质模式各不相同，从平滑（不成熟）至聚集（成熟）的模式均可能见到（图1）。分化良好鳞状细胞癌中，有时可见一种细胞的细胞质中出现另外一种细胞，称为钻瘤运动。分化不良的鳞状细胞癌中，细胞和细胞核的异型性十分明显[2]。核周的空泡提示

不着染的透明角质颗粒，常见于分化良好或者中等分化的肿瘤中（图2）。这些肿瘤会引发中度至明显的炎症反应，这使得上皮细胞的评估较为困难。

2 基底细胞瘤
（Basilar cell neoplasms）

　　先前称为基底细胞瘤的肿瘤，现在根据组织病理学进一步分为表皮、毛囊上皮以及汗腺和皮脂腺等附属结构起源。之前诊断为基底细胞瘤的大部分案例，更有可能是毛发胚芽起源，因此最好称之为毛母细胞瘤。毛母细胞瘤是犬猫中常见的良性肿瘤，通常表现为单个质地坚实、边界良好的圆形团块，肿瘤增大时可能发生溃疡，或者由于含有丰富的黑色素而产生色素沉着。最常发病的部位包括头部以及颈部。细胞学上，肿瘤性的基底细胞成簇或者成排存在；单个的基底细胞较小，核质比很高。细胞核大小相对均一，细胞质很少，呈深度嗜碱性着染（图3）。在基底细胞肿瘤中，几乎很少见有丝分裂象。细胞学上对这些肿瘤的类型进行区分较为困难，组织病理学才能够做出明确诊断。在成簇的细胞边缘，有时可见粉红色的纤维

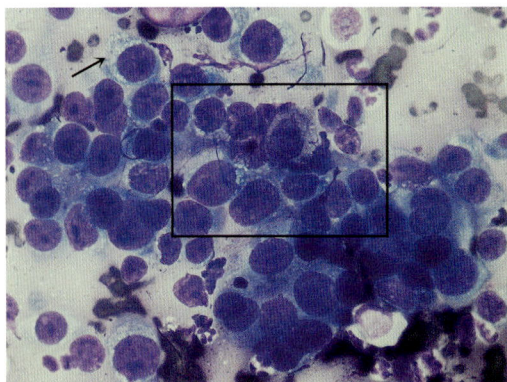

图1　猫皮肤肿物细针抽吸。细胞学上，可见大量上皮样堆积的细胞，细胞和细胞核表现出明显的大小不等（方框所示），部分细胞内含有大小不等的空泡（箭头所示），细胞质呈轻度嗜碱性着染。组织病理学诊断为皮肤鳞状细胞癌（Diff-Quik染色，放大倍数400倍）

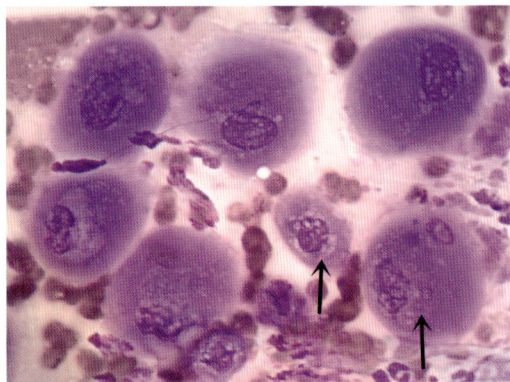

图2　犬皮肤肿物细针抽吸。细胞学上，细胞核周围可见明显的空泡（箭头所示），为不着染的角质颗粒。组织病理学诊断为皮肤鳞状细胞癌（Diff-Quik染色，放大倍数1 000倍）

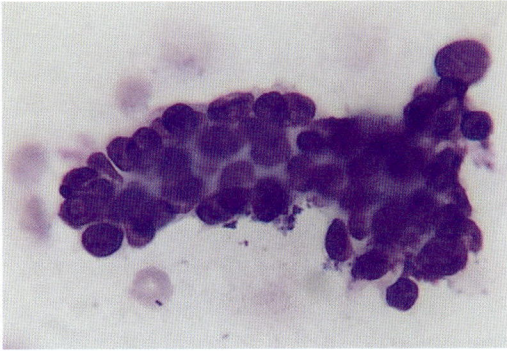

图3　犬皮肤肿物细针抽吸。细胞学上，细胞和细胞核表现出轻度的大小不等；细胞成排分布，细胞核质比高，细胞质相对较少。组织病理学诊断为基底细胞瘤（Diff-Quik染色，放大倍数1 000倍）

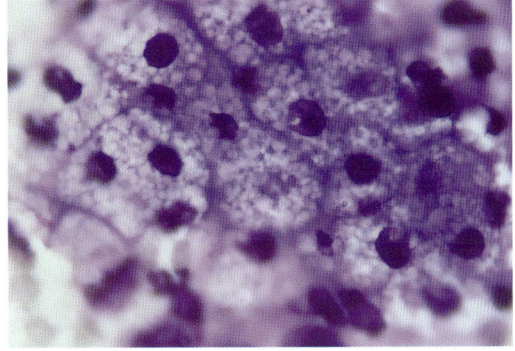

图4　犬皮肤肿物细针抽吸。细胞学上，可见成簇存在的细胞群落。核质比较低，丰富的细胞质内含有大小均一的空泡。组织病理学诊断为皮脂腺腺瘤（Diff-Quik染色，放大倍数1 000倍）

状物质，这些结构可能是基底膜。

3　皮脂腺腺瘤/腺癌（Sebaceous adenoma/ adenocarcinoma）

皮脂腺腺瘤通常表现为单个平滑的突起、菜花样病灶或者真皮层内多个分叶的团块。肿瘤上的皮肤脱毛，有时候会发生破溃。常见于犬中，约占所有犬皮肤和皮下肿瘤的6%，50%的肿瘤发生于老年犬的头部，经常出现多个病灶；而在猫中不常见。在肿瘤小叶的中央可见囊性变性和肉芽肿炎症出现。细胞学上，成熟的皮脂腺细胞呈小叶状或成簇排列。核质比低，泡沫样的细胞质呈轻度嗜碱性着染（图4）。而皮脂腺腺癌是不常见的肿瘤，最常发生于犬的头部。可卡犬多发这类肿瘤。皮脂腺腺癌表现为迅速生长、边界不清的溃疡团块。细胞学上，多形性的腺上皮细胞表现出很多恶性的细胞核特征，如细胞核大小不等，明显的核仁和不规则的有丝分裂像。细微的空泡化细胞质提示皮脂腺分化。皮脂腺腺癌经常造成局部侵袭，有时会转移至局部淋巴结。

4　肛周腺腺瘤（Perianal gland adenoma）

肛周腺腺瘤最常见于未去势的公犬中，通常认为与雄性激素有关。肛周腺腺瘤占所有犬皮肤肿瘤的9%，在猫中罕见。肛周腺腺瘤主要表现为单个或多个肿物，常发生于肛门周围，但也可以见于尾根，会阴，包皮，大腿等位置。起初，肛周腺腺瘤表现为平滑的圆形突起病灶，增大之后可能出现溃疡和分叶。肿瘤起源于真皮层内特化的皮脂腺上皮细胞，由较小的嗜碱性储备细胞排列而成。细胞学上，常见大量圆形的肝样细胞成簇存在。细胞质内通常含有丰富细微颗粒状，呈粉色至中等嗜碱性着染。细胞核类似于那些正常的肝细胞，主要为圆形，含有一个或多个明显的核仁。有时可见少量体型较小的嗜碱性储备细胞，这些细胞核质比很高，但是不存在细胞异型性。肛周腺腺瘤瘤是良性的肿瘤，其恶性的形式——肛周腺癌很罕见，在恶性的形式中细胞核异型性非常明显。

5　肛门囊腺癌（Anal sac adenocarcinoma）

肛门囊腺癌大部分发生于犬中，偶尔发生于猫中。肿瘤起源于肛门囊壁上的腺体，通常质地坚实。50%～90%的病例可能出现高钙血症的副肿瘤综合征，进一步导致肾脏疾病。肛门囊腺癌虽然是恶性肿瘤，但其细胞

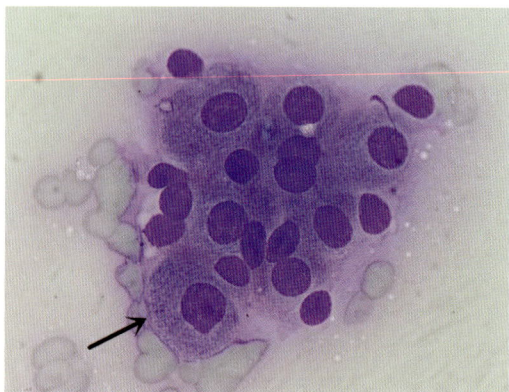

图5 犬肛周肿物细针抽吸。细胞学上，可见成簇存在的细胞群落。在细胞群落的边缘可见细胞主要为圆形（箭头所示），细胞质较为粗糙，呈中度嗜碱性着染。组织病理学诊断为肛周腺腺瘤，（Diff-Quik染色，放大倍数1 000倍）

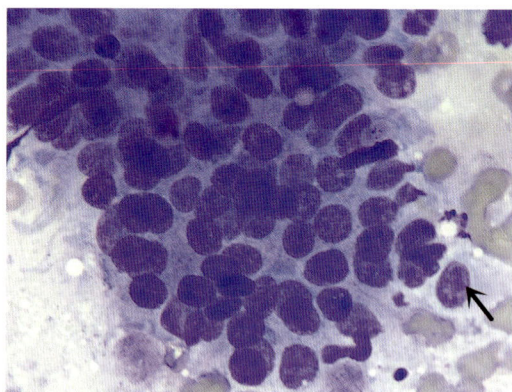

图6 犬肛周肿物细针抽吸。细胞学上，可见成簇存在的细胞群落。细胞和细胞核表现出轻度的大小不等，细胞边界不清晰，部分细胞核内可见明显核仁（箭头所示）。组织病理学诊断为肛门囊腺癌（Diff-Quik染色，放大倍数1 000倍）

并不会表现出太明显的异型性。细胞学上，成簇的细胞呈现乳头状或成簇排列，细胞边界不清晰，大部分细胞类似于神经内分泌细胞的表现（图6）。部分细胞核内可见一个至多个明显核仁。在某些病例中，可能出现细胞质内细小空泡。腺泡样或莲座样排列可能可以帮助做出初步诊断。

6 耵聍腺腺瘤/腺癌（Ceruminous gland adenoma/adenocarcinoma）

耵聍腺起源于外耳特化的顶泌汗腺。相对于犬，猫更常发生，特别是老年猫，约占所有猫肿瘤的1%。腺瘤外观上类似于耵聍腺囊性增生的表现，常与慢性外耳炎有关。所有的腺瘤和增生均表现为平滑的结节或带蒂的团块，罕见溃疡。细胞学上，可见不定型的细胞碎片和导管上皮细胞。耵聍腺腺癌占所有猫耵聍腺肿瘤的2/3，经常局部侵袭并且

转移至局部淋巴结。细胞核异型性明显，在某些病例中，细胞质内含有细微至粗糙的黑色颗粒，类似于黑色素沉着（图7）。

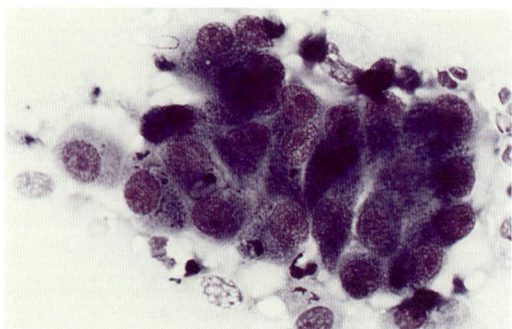

图7 耳郭肿物细针抽吸。细胞学上，可见成簇存在的细胞群落。细胞和细胞核表现出中度的大小不等，大部分细胞核内可见单个明显的核仁。组织病理学诊断为耵聍腺腺癌。（引自Canine And Feline Cytology:A Color Atilas And Interpretation Guide）

审校：董军　中国农业大学

参考文献

[1] Amy C.Valenciano.Cowell And Tyler's Diagnositic Cytology And Hematology Of The Dog And Cat（4th edition.Elsevier Inc，2014:98-99.

[2] Rose E.Raskin. Canine And Feline Cytology:A Color Atlas And Interpretation Guide（3th，edition）.Elsevier Inc，2016:55-63.

拜耳公司亚太地区犬猫虫媒病论坛
The 6th CVBD/Zoonosis of Asia and Pacific Forum

孙亚萍

拜耳公司北京分公司

2016年9月12日，拜耳动保在泰国曼谷举办了第六次亚太地区宠物虫媒疾病/人畜共患病论坛（6th CVBD/Zoonosisi Asia and Pacific Forum）。来自中国（包括台湾）、韩国、泰国、马来西亚、印度尼西亚、越南等国家和地区的拜耳员工和专家等参加了论坛，会议特别邀请了亚洲宠物医疗领域的知名专家和兽医师等共同分享了他们的最新研究成果。本论坛的目的是：通过跨学科、跨区域的交流，提升整个行业对宠物虫媒疾病的认识，为防止虫媒疾病的传播，保障动物和人类健康做出贡献。

韩国全南大学的申城植教授介绍了蜱虫和蜱传虫媒病，蜱虫的形态与生理特性造就了它传播疾病的严重性和复杂性，区域间的品种差异使得我们需要持续关注本地流行数据。中国农业大学的施振声教授介绍了本地虫媒病研究现状：犬埃利希体病在南方有一定的区域流行性，当地犬存在带虫生活或重复感染情况。华中农业大学的贺兰副教授分享了犬巴贝斯虫病的最新分子生物学和血清学检查方法，她认为准确的诊断对于疾病的治疗至关重要。

来自印度尼西亚的Ida医生分享了当地诊所虫媒病的病例数据，无形体病、巴贝斯虫病和埃利希体病位列发病前三。定期开展对宠物主人和其他客户的教育活动，可以提高公众对虫媒病的认识和防治。台湾的黄慧壁医师介绍了当地猫心丝虫病例情况。猫不是小型犬，心丝虫的寄生部位以及临床症状很容易混淆医生的诊断。泰国的Piyanan教授介绍了泰国南部猫丝虫的病例调查，淋巴微丝蚴在当地有较高的流行率，提醒大家在进入疫区之前应该做好必要的防护措施。菲律宾的Karlo医师总结了当地犬心丝虫病例的临床症状以及检测数据和影像学分析，病例的预后需要考虑感染动物的虫体负荷、肺实质的损伤以及继发的心脏问题。泰国的Sathaporn教授介绍了土源性寄生虫的危害及当地土壤中寄生虫卵污染情况，九成的土壤样本中检测到线虫卵，提示动物的活动和土壤环境对寄生虫发病率的影响不可忽视。另一位Woraporn教授通过不同粪便检查方法对大量病例进行调查，确认当地排名第一的猫内寄生虫是钩虫（Ancylostoma spp.）。会议还介绍了新成立的热带伴侣动物寄生虫组织（Tropical Council for Companion Animal Parasites，TroCCAP）的详细情况，希望通过跨学科的交流促进热带和亚热带区域的寄生虫防治。

目前，全球有近一半人口感染过至少一种虫媒病。此类疾病通过寄生虫向人类与动物进行传播，称为伴侣动物虫媒病（Companion vector borne disease，CVBD），严重影响公众健康。作为一家在寄生虫预防领域的专业公司，拜耳公司呼吁更多专业人士和宠物主人了解相关内容，提升宠物和人类的生活质量。

诊断性影像检查结果与解读

双侧肺尖叶均可见软组织密度不透明度增加。左侧肺尖叶内明显可见多个点状气体阴影，与肺泡气体形式相符（图2）。X线片显示其余肺实质正常。胸段气管出现轻度背侧移位，可见少量双侧性胸膜积液和尾肺叶轻微收缩，由于存在不透明软组织轮廓和胸膜积液，导致对心脏颅侧缘的评估受限，但X线片上心脏轮廓尺寸正常。此外，肺血管尺寸也保持正常。

鉴于无心肥大且肺血管尺寸正常，因此不可能是充血性心衰。考虑到胸膜积液和肺泡气体模式，故将鉴别诊断更正为左侧肺尖叶扭转或坏死性肺炎。为此，建议进行胸部CT检查以在手术前确定有无肺叶扭转。

胸部CT（图3）显示左侧肺尖叶存在重度肿大，边缘钝圆。肺叶特点为软组织衰减和大量与肺泡气体模式相符的气体衰减性小病灶。左侧肺叶肿大导致心脏和纵隔结构向右移位，并导致部分萎陷的右侧肺尖叶向背侧移位。还可见左侧颅主支气管突然衰减。软组织衰减增加，右侧肺尖叶尺寸缩小与肺膨胀不全相符，明显可见少量双侧性胸膜积液。鉴于上述CT检查结果，尤其是右侧颅主支气管突然衰减，故诊断为左侧肺尖叶扭转，因此建议行胸廓切开术。

治疗与结果

我们对该猫进行了左侧肋间胸廓切开术和左侧颅肺叶切除术，并置入胸廓造口术导管。对切除肺叶进行组织学评估显示存在弥散性出血、充血和坏死，与肺叶扭转相符。

最终该猫从手术中平安复苏，留院观察，并经静脉注射给予镇痛和抗菌药物。手术2天后，该猫出院，医师开具了口服抗菌药物和一副芬太尼贴剂（用于镇痛）的处方。手术3个月后，据称该猫在家状况良好。

讨论

当肺叶沿其蒂轴旋转时，即可发生肺叶扭转，但在小动物较为罕见，尤其是猫，在文献中罕见报道的病例。犬猫最常受影响的肺叶为右侧中间肺叶和左侧颅肺叶，后者多见于小型犬。通常情况下，肺叶扭转的确切原因并不明确，但诱因包括外伤、胸膜积液、肿瘤和慢性下呼吸道疾病。本病例中的猫肺叶扭转的确切机制尚不明确。

本病例中的猫存在多种肺叶扭转非特异性临床症状，包括呼吸急促和也可见于其他原因导致呼吸窘迫的呼吸努力增加。其他与肺叶扭转有关的临床症状包括咳嗽、呕血、鼻衄、胸部听诊湿啰音，以及心动过速。进行最初身体检查时，尚难以区分肺叶扭转和其他原因（包括肺炎、胸膜积液、肺动脉血栓栓塞、横膈疝、肺脓肿、坏死性肺炎或充血性心衰）导致的呼吸窘迫，胸部X线检查和CT检查有助于区分上述疾病过程。

综上所述，肺叶扭转罕见于猫，仅凭身体检查难以将其与其他原因导致的呼吸窘迫区分开。本报告中的病例存在与肺叶扭转相符的多个典型X线片与CT检查结果。

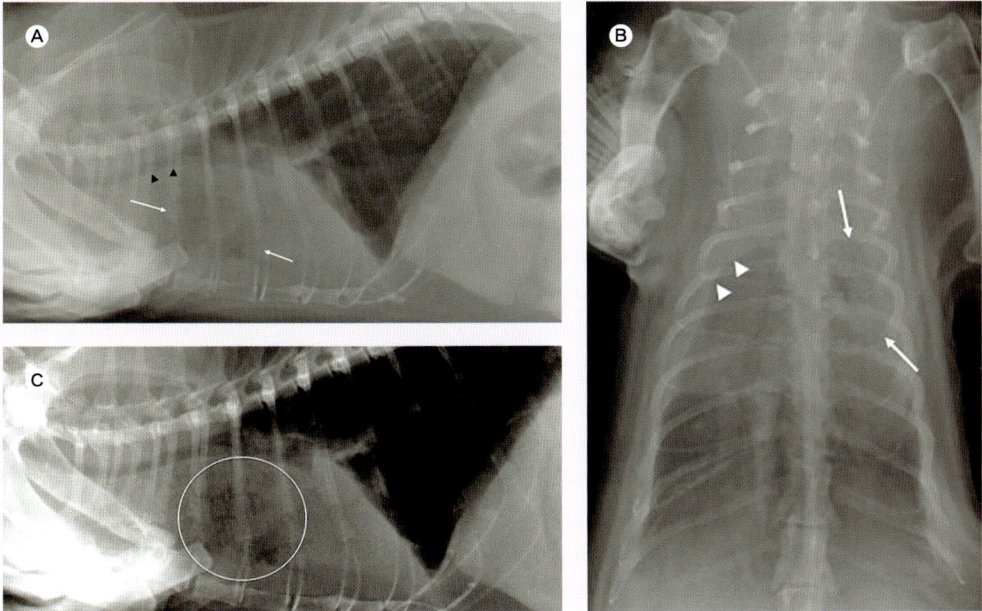

图2 图1中的同一X线片（A和B）以及侧位X线片的对比增强[原文为magnified，可能有误]图（C）。明显可见胸部颅侧面双侧性软组织不透明度增加。在左侧颅肺叶内，两张X线片（A和B）内均可见大量点状性灶（箭头所示），但在右侧向X线片对比增强[同上]图（C）内更为直观（圆圈内所示）。上述检查结果与肺泡气体模式相符。在右侧向X线片（A）内可见胸部气管向背侧移位（黑色三角箭头所示）。此外，胸部间隙内不透明度增加表明存在少量胸膜积液。腹背向X线片明显可见右侧颅肺叶和中肺叶（白色三角箭头所示）回缩

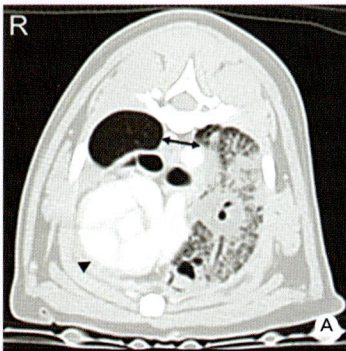

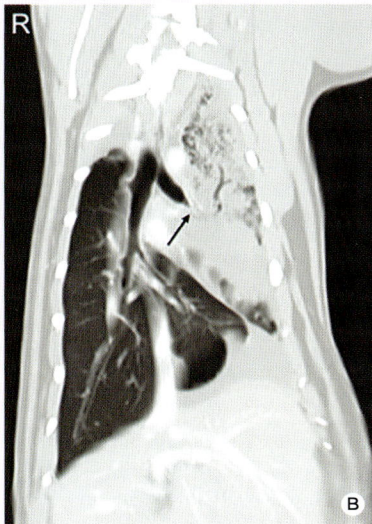

图3 图1中猫胸部增强横断面（A）和背斜位（B）CT声像图。A.横断面声像图位于第六肋间间隙处。左侧颅肺叶重大，导致心脏（三角箭头所示）向右移位和较小右侧颅肺叶向背侧移位。在同一视图中，与右侧颅肺叶相比，由于伴有分散气体的软组织不透明度增加，左侧颅肺叶呈现异质性（双头箭头所示）。这种异质性表示X线片所识别的肺泡气体模式（Sharp算法；窗宽，1 600亨氏单位；窗位，−500亨氏单位；层厚，2.0 mm）。B.背位重建声像图突出显示了左侧颅肺叶支气管的突然衰减（箭头所示），该衰减与肺叶扭转相符

（参考文献略，需者可函索）

译者：栗柱
审校：袁占奎　中国农业大学

外固定配合中药方"OsteoMend"治疗小型犬骨折研究
Fracture repair with external coaptation and the herbal supplement "*OsteoMend*" in toy breed dogs

闻久家*　K.A.Johnston

美国纽约长岛汉普顿动物医院，纽约长岛，11972

背景：骨折是小型犬常见病。临床上治疗骨折常用外固定术（保守疗法）或手术内固定。外固定和内固定治疗过程中未见应用促进骨骼愈合的药物疗法。中药对骨骼愈合的促进作用未见病例实证研究。

研究目的：为了证实中药方剂"OsteoMend"对骨折愈合的促进作用。

研究动物：试验用的8只患犬，年龄从4个月到13岁不等，5雌3雄。其中5只犬在用中药前未接受手术治疗，其他3只犬做过骨折内固定手术。3只接受骨折内固定手术的犬中2只做过1次手术，1只做过2次手术。

研究方法：临床治疗试验。所有患犬在应用中药"OeteoMend"治疗过程中都辅助以外固定（前肢用Meta-splint，后肢用Quick-splint）。在用药的2～3个月过程中未进行其他手术固定。所有患犬在治疗开始前都做过X线拍片检查，治疗后的6个月到1年内做过X线拍片以观察治疗的效果。

研究结果：所有8只患犬的骨折部位都在60天内愈合，并且未见任何并发症。在这8只犬中，3只接受过手术内固定的最后也完全愈合，不需要再手术取出内固定材料。

结论及意义：中药处方"OsteoMend"对骨折愈合有促进作用（简单外固定条件下）。本研究为小型犬骨折提供了外固定加中药促进骨愈合的治疗方法。

关键词：OsteoMend，小型犬，骨折，中药

Objective: To obtain valuable information for promoting bone healing using an herbal supplement called "*OsteoMend*".

Animals: 8 dogs; 5 females and 3 males, ranging in age from 4 month to 13 years. 5 dogs had no surgical repair prior to enrollment in the study, 3 had. Among the surgical cases, two had surgery

通讯作者
闻久家　美国汉普顿动物医院，邮箱 wenvet@optonline.net。
Corresponding author：J.J Wen, wenvet@optonline.net, Hampton Animal Hospital.

once and the other had two surgical interventions.

Methods: Clinic study. All patients had either Meta-splint on front leg or Quick-splint on hind leg applied and received Chinese herbal supplement "*OsteoMend*" for 2-3 months without any other further stabilization device. All patients had pretreatment radiographs and were followed by radiographs to evaluate the efficacy of the treatment over a period of 6 months to a year.

Results: All eight dog's fractures healed without any complication in less than 60 days. Three of the eight dogs had had previous surgeries which failed to heal the fracture. In this study, these three dogs healed completely without requiring further surgery to remove the hardware.

Conclusions and Clinical importance: "*OsteoMend*" is effective in facilitating bone healing after external coaptation and it provides an alternative treatment option to surgery in toy breed dogs.

Keyword: OsteoMend, Toy breed, Fracture, herbal supplement

Abbreviations: L-left, R-right, Y-Yorkshire terrier, JRT-Jack Russell Terrier, FX-fracture, Tx-treatment, PT-post.

缩略语：L: 左，R: 右，Y: 约克夏㹴，JRT: 杰克罗塞尔㹴，FX：骨折，Tx: 治疗，PT: 治疗后。

1 前言

临床上治疗骨折不外乎外固定或内固定，或内外固定同时应用。小型犬骨折最常见的、且成功率最高的是内固定，用骨板、骨针或外固定支架方法治疗[1]。

外固定是很常用的方法，如果用法得当效果也是很好的。然而，外固定法的并发症发生率也很高，据报道小型犬外固定法并发症发生率，如延迟愈合，骨不愈合率高达80%[2]。小型犬与大型犬相比较，外固定容易发生这些并发症的原因主要是由于骨碎片之间的力学原理，未能起到固定作用，更重要的是骨折部位骨骼内部血液供应不足等[3]。

2 动物及材料

2.1 动物

本研究中的病例都来自作者纽约州的动物医院收集的病例，或是当地兽医推荐转诊的病例。时间是从2008年12月到2010年11月（表1）。

2.2 材料

本研究使用中药 "OsteoMend"[4] a；外固定材料b Loveland，CO 80583。

3 试验设计及随访检查

☆ 对前肢和后肢骨折分别采用Meta-splints和Quick-splint常规外固定。

☆ 所有病例都会在初诊后给予外固定处理，同时开始用中药。

☆ 临床检查包括如下：①对所有病例在初诊，1、2、3个月时拍X线片进行检查。其中的5个病例还进行了6个月和12 个月时拍片以评价本治疗的长期效果。②开始用药 "OsteoMend" 以后，观察有否呕吐、拉稀以及厌食等副作用。③观察有否外固定造成的皮肤刺激或感染的发生。

---

a "OsteoMend" 是笔者开发的中药处方，由 Natural Solutons 公司独家经销。
b 外固定材料由 Jorgensen Laboratories 公司生产（Loveland，CO 80583）。

表1　病例临床数据

病历号 #	骨折发生时间	治疗时间	恢复时间	骨折部位
9473A	2009 年 2 月 27 日	2009 年 2 月 28 日	2009 年 4 月 4 日	左挠骨和尺骨
84515H	2009 年 1 月 19 日	2009 年 5 月 2 日	2009 年 6 月 27 日	右前臂骨中段
6051AC	2008 年 12 月 17 日	2008 年 12 月 18 日	2009 年 2 月 6 日	右挠尺骨
6314A	2009 年 4 月 18 日	2009 年 5 月 27 日	2009 年 6 月 27 日	左侧胫骨
9926A	2009 年 4 月 22 日	2009 年 4 月 23 日	2009 年 6 月 15 日	左侧挠尺骨
8755A	2009 年 6 月 20 日	2009 年 6 月 20 日	2009 年 8 月 15 日	右侧挠尺骨
953C	2010 年 6 月 4 日	2010 年 7 月 15 日	2010 年 9 月 15 日	双侧挠尺骨
5039k	2010 年 11 月 29 日	2010 年 11 月 29 日	2010 年 1 月 6 日	右侧挠尺骨

3.1 中医治疗机制

早期：活血化瘀，理气止痛。

中期：补骨强筋，促进组织愈合，补气。

后期：补气，补血，壮骨荣肌。

3.2 病例介绍：

本研究的8个病患中，6只患前肢骨折，1只患前臂骨骨折，还有1只患胫骨骨折。直至去除外固定，平均愈合时间为46天。在8个病例中，5只患犬没有做过手术，3个病例接受过手术但手术不成功。

接受手术的3个病例，病例2是一只8岁半的博美犬被植入骨板和骨钉后骨板断裂，再次手术植入髓内针加上骨片移植，而后髓内针又发生折断，主人选择第三次手术。病例4是一只杰克罗塞尔㹴患胫骨骨折，手术植入骨板，结果在骨板的远端发生骨折，主人拒绝再次手术。病例7为一只做过手术的约克夏㹴，因两侧、挠尺骨骨折接受了骨板内固定手术，外加罗伯特琼斯外固定，结果后期继发严重的骨质疏松症，主人选择寻求中医治疗。

这3例接受过手术的病例在本试验中与其他没有接受过手术的5个病例的恢复期时间基本一样。未接受过手术的5个病例，分别在治疗开始后35、38、50、53及56天时拆除外固定，治疗周期平均46天。接受过手术的3个病例分别在48、55及60天拆除外固定，治疗周期平均54天。接受过手术的病例没有拆除骨板等内固定材料。

其中病例6在治疗3个月后，从桌子上掉下来，导致在原来骨折处发生骨裂，这可能与断端未完全愈合及对断端的应力性屈曲有关。对此病例继续应用"OsteoMend"和外固定治疗，2个月后骨折愈合，1年后X线片显示骨折完全愈合。

> 对产ESBL的耐药菌最重要的治疗药物之一是碳青霉烯类抗生素（如美罗培南）。而不幸的是，产碳青霉烯酶的肠杆菌（或称抗碳青霉烯酶肠杆菌，CRE）（包括大肠杆菌）已经成为了人类医疗中的一个重大问题。

犬品种	性别	手术次数	年龄	体重（lb）
约克夏獚	M/N	0	4 $\frac{1}{2}$ 月龄	3 $\frac{1}{2}$
博美犬	M/N	2	8 $\frac{1}{2}$ 岁	9
博美犬	F/S	0	4 月龄	2 $\frac{1}{2}$
杰克罗塞尔獚	F/S	1	13 岁	13
马尔济斯犬	F/I	0	4 $\frac{1}{2}$ 月龄	5
约克夏獚	F/S	0	1 $\frac{1}{2}$ 岁	4 $\frac{1}{2}$
约克夏獚	M/I	1	10 月龄	2.8
吉娃娃犬	F/I	0	1 岁	3

注：M/N：雄性已绝育；M/I：雄性未绝育；F/S：雌性已绝育；F/I：雌性未绝育。

治疗后14天	治疗后30天	治疗后1年

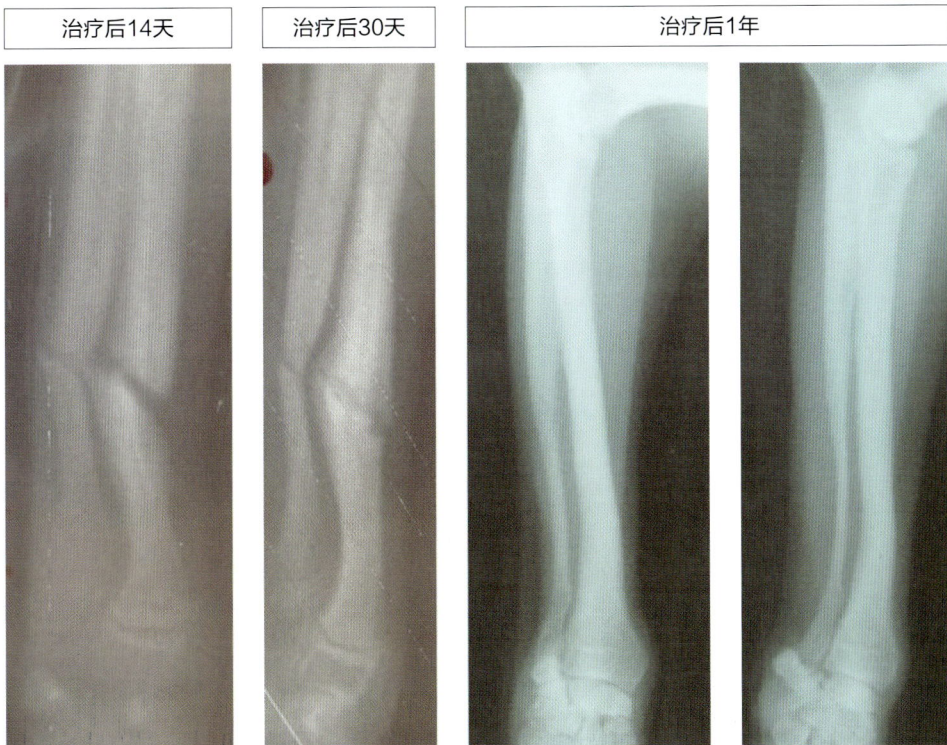

病例1：2009年2月28日，4.5个月龄的雄性绝育约克夏獚，1.5kg，左前肢挠、尺骨骨折。主人拒绝手术，选择保守疗法。前肢外固定配合中药"OsteoMend'当天开始治疗。在3月14日和28日拍片检查结果，骨折完全愈合，4月4日拆除外固定。当年12月2日复查结果，该犬已经完全恢复正常。1年以后的5月30日（2010年）复查，X线片显示挠、尺骨已完全恢复正常。

2009年1月9日手术前	2009年1月21日用药之前	2009年3月31日用药之前	2009年1月4日用药之前

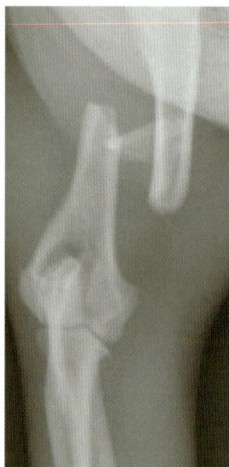

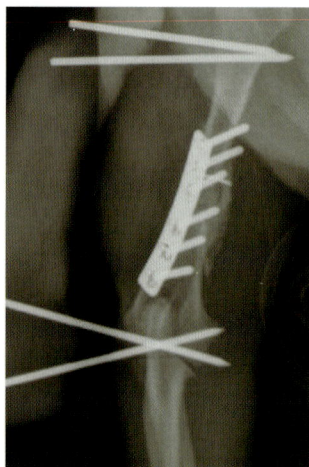

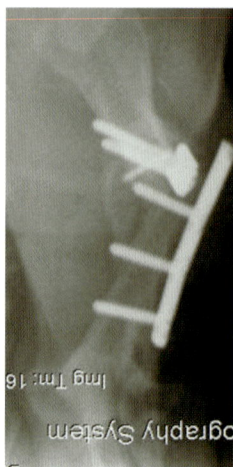

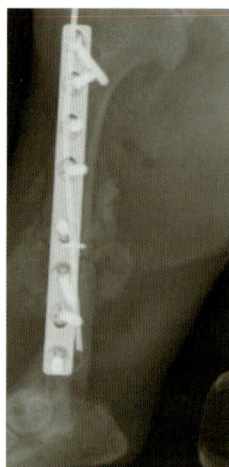

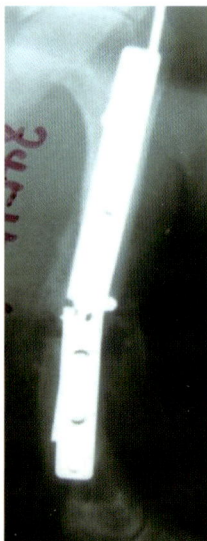

2009年5月1日用药之后	用药之后14 天	用药之后30 天	用药之后9个月

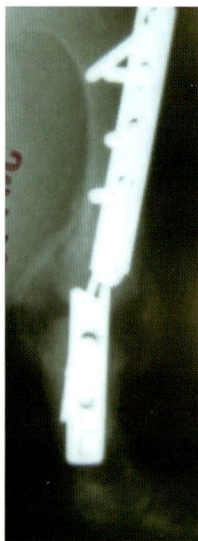

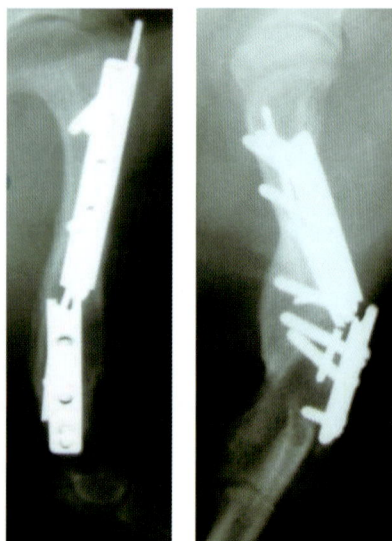

　　病例2：8.5岁雄性绝育博美犬，体重4.5kg，2009年1月19日右前臂骨中段骨折。该犬于1月21日在一家动物外科中心接受了骨板内固定加K-E支架外固定。2009年3月31日X线拍片检查结果，骨板发生断裂，骨折没有愈合。4月1日该犬接受了二次手术，这次是用的骨板、髓内针，加上骨片移植。5月1日复查结果，骨板、髓内针又发生了断裂。主人拒绝进行再次手术，于5月2日来本院就诊。就诊当天开始服用中药"OsteoMend"，并于当天、5月16日、30日以及6月27日分别拍片进行检查，结果骨折完全愈合。9个月后的2010年1月26日复查结果，该犬一切正常，患犬无疼痛，拍片显示骨折完全愈合，只有轻度向外侧偏移。

用药后15天	用药后30天	用药后48天

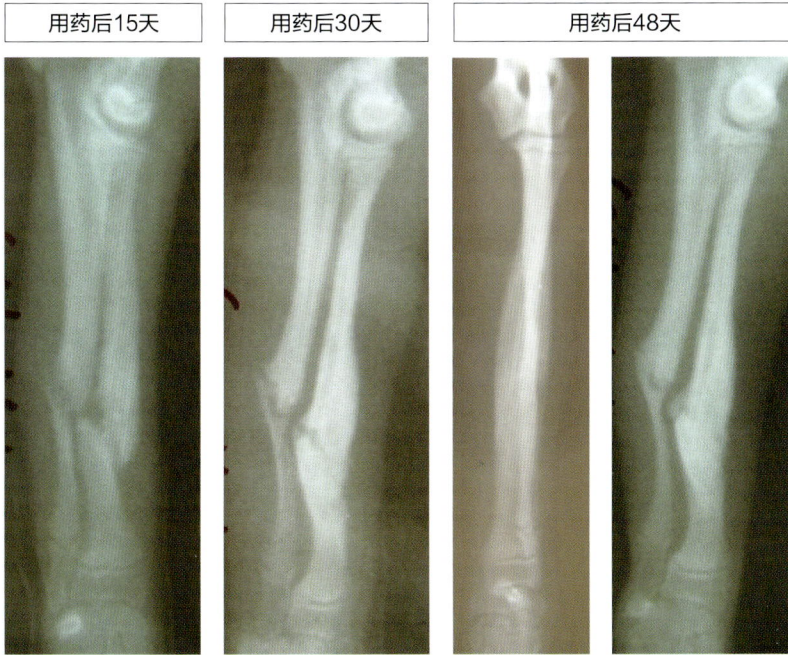

病例3：4月龄雌性绝育博美犬，体重1.2kg，2008年12月18日右前肢桡、尺骨骨折。主人拒绝手术治疗，选择保守疗法。本院为该犬实行前肢外固定，当天开始中药"OsteoMend"治疗。用药后于2009年1月3日，17日，2月6日分别进行拍片检查。用骨折完全愈合，外固定于2月6日拆除。

2009年4月18日 治疗前	2009年4月24日 用药前	2009年5月12日用药前	2009年5月27日 用药前

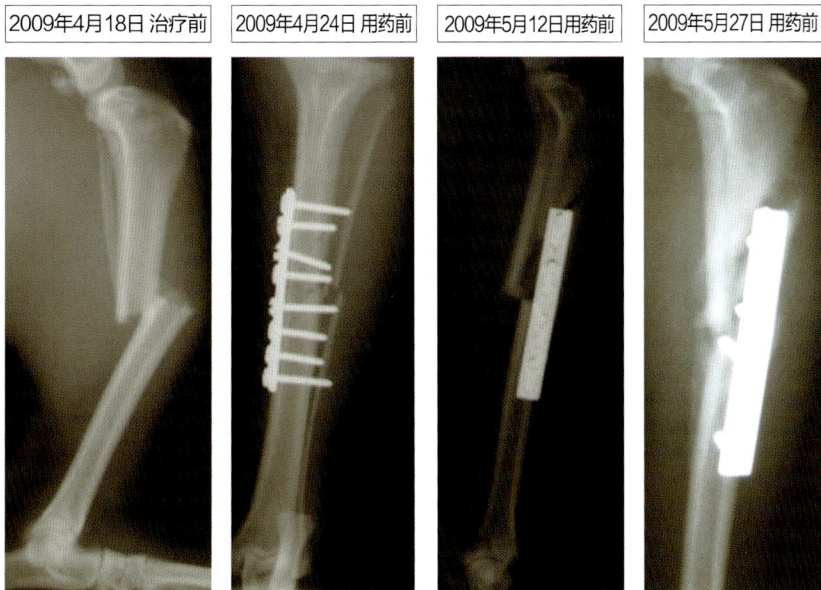

用药后30 天	用药后50天	用药后9 个月

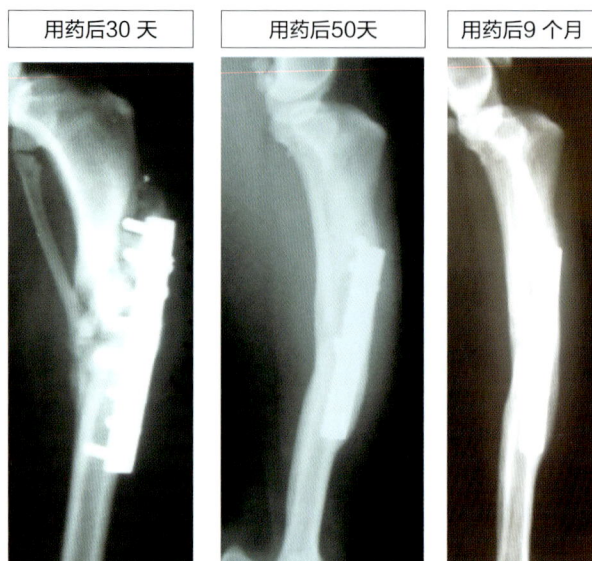

病例4：13岁雌性绝育杰克罗塞尔梗混血犬，体重6.5kg，2009年4月18日左侧胫骨、腓骨骨折。于2009年4月24日在当地外科专家医院接受外科手术治疗，用的是骨板、骨钉内固定。5月12日复查时发现在骨板近端发生了骨裂，断端没愈合。主人决定不接受再次手术。5月27日来本院开始用中药"OsteoMend"疗法，当天也拍了X线片。6月10日及27日两次复查拍片显示骨折完全愈合，拆除外固定。7月15日的再次复查患犬已经完全恢复。9个月以后，即2010年2月23日复查，该犬已经完全没有任何跛行、疼痛等症状，拍片所见完全恢复健康。

用药后20天	用药后34天	用药后50天	用药后1年

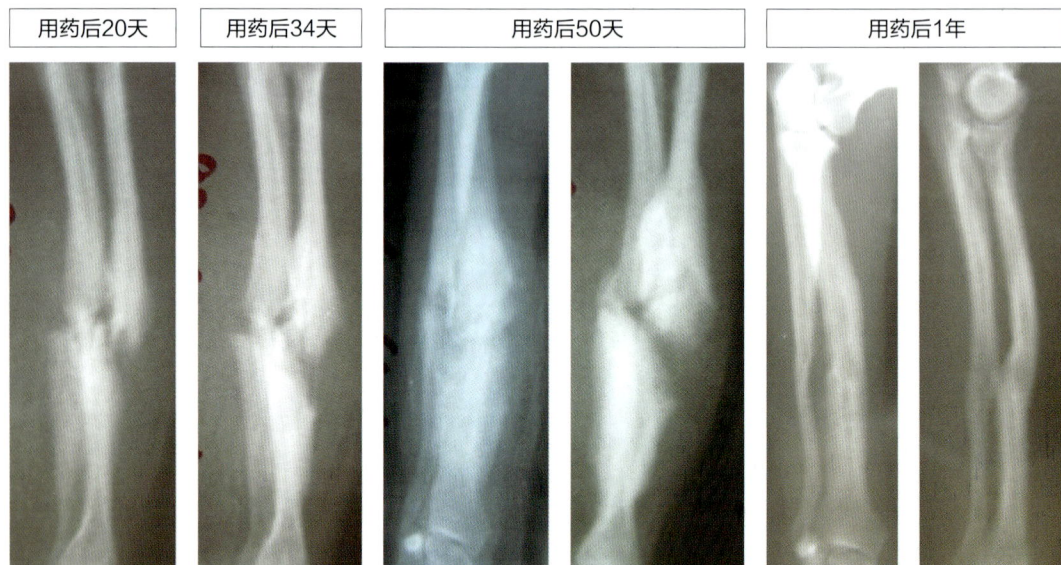

病例5：4.5个月雌性马尔济斯犬，体重2.5kg，于2009年4月23日发生左前肢挠骨、尺骨骨折。主人拒绝外科手术，选择保守治疗。当天开始用中药"OsteoMend"，并给与外固定。用药后分别于5月11日、27日，及6月15日进行复查拍片，结果显示骨折完全愈合，于6月15日拆除外固定。

| 2009年6月20日治疗前 | 用药后30 天 | 用药后42天 | 用药后69天 | 2009年10月31日二次骨折 |

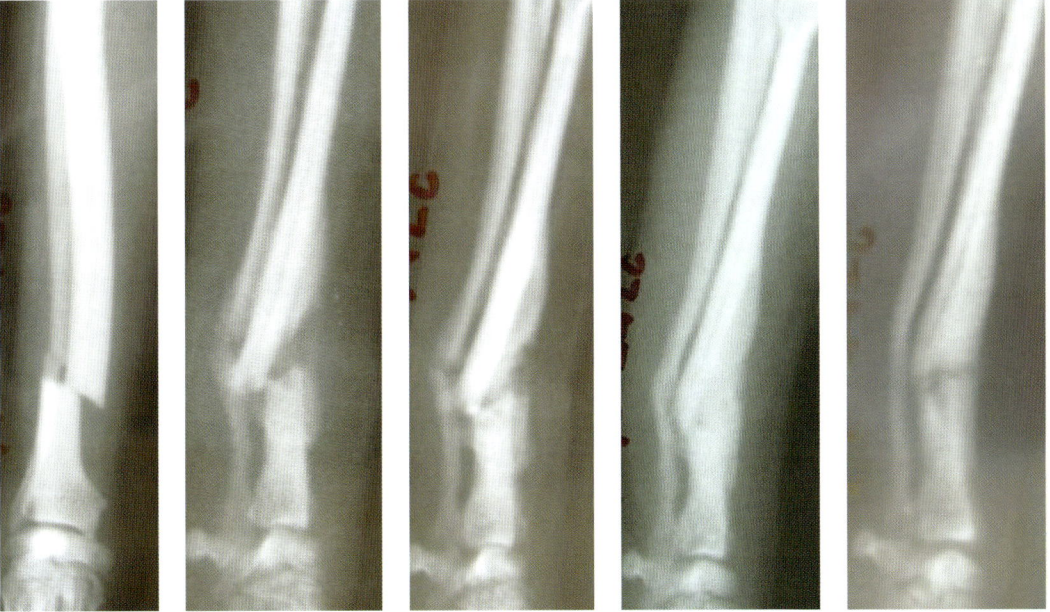

| 用药后42天 | 用药后70天 | 用药后4个月 |

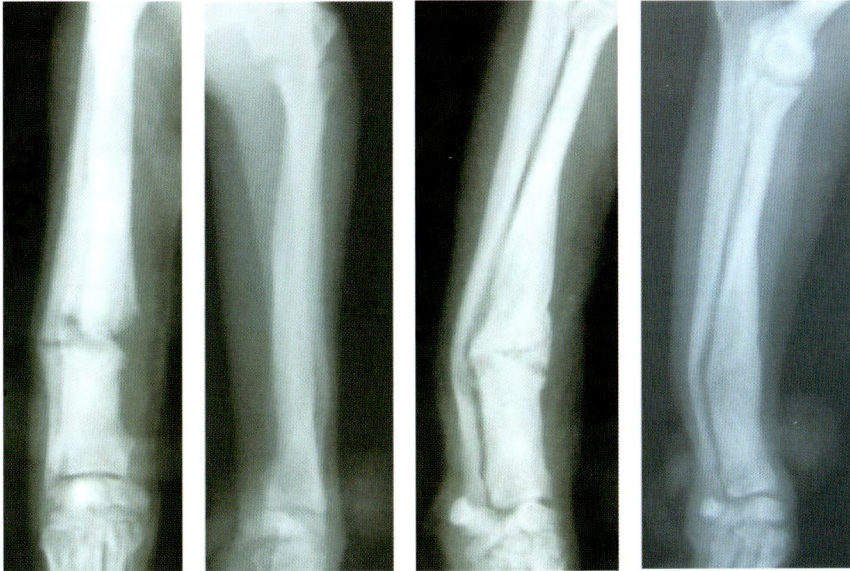

　　病例6：1.5岁雌性绝育约克夏㹴，体重2kg，于2009年6月20日发生右前肢挠、骨尺骨骨折。主人拒绝了手术，选择保守疗法。就诊当天做外固定，开始用中药"OsteoMend"。用药后分别于7月19日，8月2日、15日及29日复查。8月15日拆除了外固定。然而，该犬于8月31日从餐桌上掉下来，又摔伤了患肢，骨折发生于同一部位。因此，同样的疗法又从头开始。并分别于10月31日，11月11日，12月9日以及次年2010年1月11日进行复查，外固定于2010年1月11日，但是中药继续用了3个月。2010年3月1日拍片结果，骨折完全愈合，只是患肢略微弯曲。

术前左、右前肢	开始用"OsteoMend"

用药后6个月	用药后1年

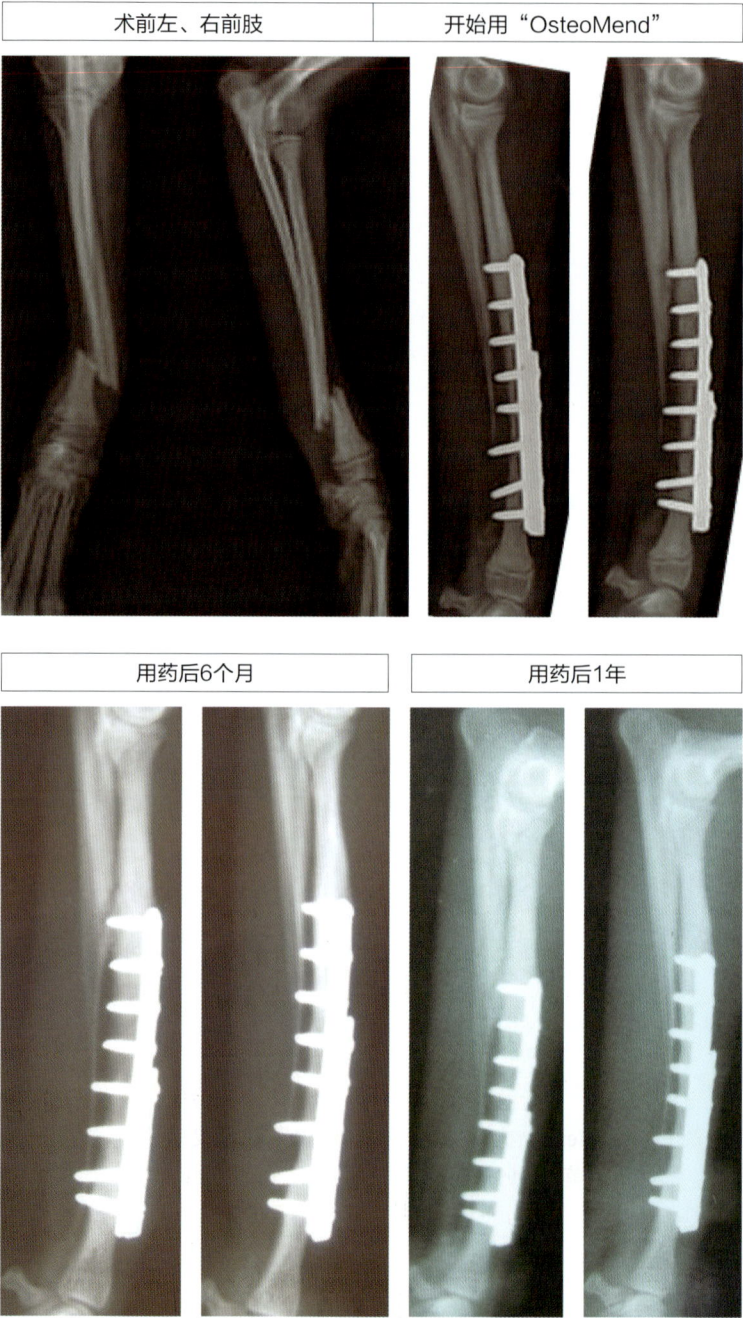

病例7：10.5个月龄雄性约克夏㹴，体重1.4kg。该犬于2010年6月4日发生双前肢挠骨、尺骨骨折。该犬于6月10 日在当地一家外科中心医院接受了骨板内固定，采用罗伯特琼斯外固定。7月12日复查结果，该犬左前肢间歇性跛行，X线拍片显示，两侧挠骨、尺骨都发生了骨质减少，右侧更甚。外科医生建议拆除内固定，以刺激骨质生成，但是主人不同意。7月15日来本院就诊，咨询用中药治疗的可行性。当天开始了中药"OsteoMend"疗程。2周以后，8月6日复查，该犬已经恢复，不痛，不瘸。后来在那家外科医院又拍过片，结果显示骨质恢复良好，左侧比右侧好。用药后60天外固定拆除。

| 治疗前 | 用药后36天 | 用药后4个月 |

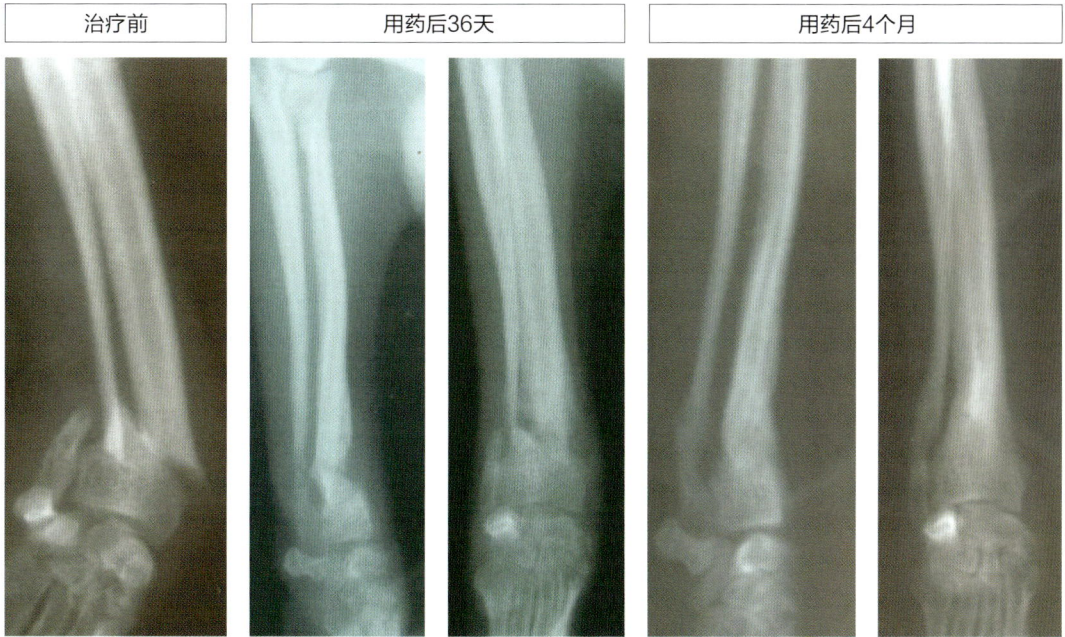

病例8：1岁雌性吉娃娃犬，体重1.5kg，2010年11月29日发生右挠骨、尺骨骨折。治疗采用外固定加中药"OsteoMend"，第38天拆除外固定。

4　结果

在治疗过程中所有患病动物未见对"OsteoMend"有任何不良反应，包括皮肤反应、呕吐、下痢等。

5　结论与讨论

本试验所用的"OsteoMend"方剂出自于由15味中药组成的验方"茱萸汤"[5]。根据笔者的经验，"茱萸汤"本身不含调理肾虚和血虚的成分，而这些正是骨愈合缓慢的原因。所以，笔者在"茱萸汤"的基础上加了阿胶、熟地、当归、牛膝、菟丝子5味以补原方的不足（表2）。

关于小型犬骨折外固定的治疗效果和并发症的报道很多。由于单纯应用外固定而导致的并发症发病率很高，如愈合迟缓，骨不愈合以及患肢骨质减少，骨质疏松等，所以这一方法已经很少有人应用。然而，由于手术的费用过高，手术复杂等因素也导致主人会避免选择手术疗法。

有关二磷酸盐促进小型犬骨愈合的效果目前还没有详尽的研究报道，特别是与中药联合应用的临床试验缺乏。

在本试验中，中药方剂"OsteoMend"表现出既有效又安全的特点，包括3例手术失败的病例都很快愈合，且未见任何并发症。所有的病例都在断端出现骨容量增加，表明接触面扩大、稳定性增强、成骨活性增加，可能和"OsteoMend"能增加骨折部位血液循环有关。

许多研究表明，外固定在治疗小型犬骨折时，可能出现许多并发症，如骨愈合慢、骨不愈合、骨质减少等，这些并发症可能和断端血液供应不足有关。而在本试验中，无一例发生任何并发症，表明"OsteoMend"处方的有效性和安全性。

表2　中药OsteoMend的成分及功效

英文名	中文名	功效	所占比例（%）
Deer Antler	鹿茸	补肾壮阳	6.2
Donkey-hide gelatin	阿胶	补血	4.6
Cooked Rehmannia Root	熟地	补血	6.2
Chinese Angelica Root	当归	补血	6.2
Cuscuta	菟丝子	滋阴壮阳	4.6
Achyranthes Root	牛膝	活血化瘀	4.6
Dipsacus	续断	补肝肾，壮筋骨	6.2
Drynaria rhizome	骨碎补	补肾壮骨	6.2
Atractylodes rhizome	白术	健脾理气	6.2
Poria	茯苓	健脾	6.2
Dioscorea rhizome	山药	补脾肾	6.2
Lycium fruit	枸杞子	滋补肝肾	6.2
Astragalus root	黄芪	补气血	6.2
Eucommia bark	杜仲	补肝肾，壮筋骨	3.9
Codonopsis root	党参	补气行气	4.6
Pyrite	自然铜	化瘀血，促进筋骨愈合	3.9
Eupolyphaga	土鳖虫	散结，祛瘀	3.1
Notoginseng root	三七	消肿止痛	3.1
Licorice root	甘草	调和诸药	2.5
Cinnamon twig	桂枝	温经通络	3.1

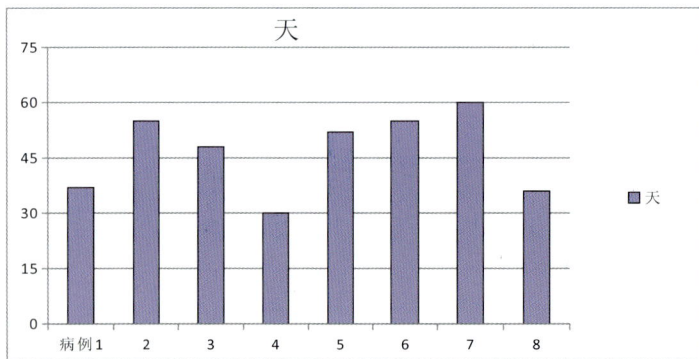

图1　愈合时间（天）

翻译、审校：施振声　中国农业大学

参考文献

[1] Harasen G. Common long bone fractures in small animal practice: part 2. Can Vet J 2003，44:503-504.

[2] OsteoMend was a proprietary formula formulated by Dr J Wen and distributed by NaturalSolutions Inc.

[3] ShangJiu Zhao. Manual of Traditional Chinese Medical Practitioners，Shanghai sci. Tech publishing house，1987:626.

[4] Lei YM，Yang ZX，Huang Ru. The Complete Formulary of Famous Chinese Doctors for Chronic Refractory Diseases. Nanning，China: Guangxi Science and Technology，1996:489.

[5] DVSC - Distal Radius/Ulna Fractures in Toy Breeds.

[6] https://www.dfwvetsurgeons.com/t-distal.html.

兔咬合不正的诊断和治疗
Diagnosis and treatment of dental malocclusion in rabbits

郭馨阳*

北京荣安动物医院，北京海淀，100190

摘要：兔的咬合不正是在临床上一种常见疾病，会极大地影响兔的生活质量，给兔带来很大的痛苦，严重的甚至可造成兔死亡，应该引起兽医师们的重视。不管什么原因导致牙齿的咬合问题，因为疾病是一个渐进性的发展过程，当问题形成以后，想要把牙齿纠正到正常的位置和形态几乎是不可能的，所以理解这种疾病的发生过程并及时进行预防，而不是在晚期的时候进行治疗很重要。

关键词：兔，咬合不正，治疗

Abstract: Dental malocclusion in rabbits are quite common. The condition affects rabbits' lives greatly, compromises their welfare, causes rabbits a lot of pain and even death. Therefore, veterinarians should pay attention to dental problems in rabbits. In end-stage dental problems, it's almost impossible for veterinarians to adjust rabbits' teeth back to their normal shape. And that's why it's of great importance to understand the process. So as practitioner, we would be able to prevent rather than to treat when it's already too late.

Keyword: Rabbit, dental malocclusion, treatment

1 兔的牙齿解剖和生理

动物学分类中兔属于兔形目（Lagomorpha），兔形目分为两个科，兔科（Leporidae）和鼠兔科（Ochotonidae）。因为兔和啮齿动物相似，没有犬齿，在切齿和臼齿之间有一个空隙，人们一直错误地认为兔属于啮齿动物。但实际上，兔的口腔结构和啮齿动物截然不同，比如兔的上切齿有4颗，并且有更多的前臼齿[1]。

1.1 牙齿结构

兔的齿式如下：2（2/1 I，0/0 C，3/2 P，3/3 M）。紧挨着上切齿后方是一对小的切齿，叫做钉齿，钉齿的作用是保护上方牙龈和口腔黏膜不受到下方切齿的伤害[2]。兔的牙齿是开放的齿根（elodent），终生都在生长，每周可以生长 1～2mm[4]。因为兔的牙齿终身都在

通讯作者
郭馨阳 荣安动物医院，anny_gxy520@163.com。
Corresponding author：Anny Guo, anny_gxy520@163.com, Rong An Animal hospital.

生长，所以在它们一生中，牙齿以及周围组织之间会有持续的动力学变化。

1.2 牙齿功能

门齿的主要功能是切断食物，是垂直运动；而臼齿的主要功能是磨碎食物，帮助兔消化，是水平运动的。在兔以高纤维的干草为主食的时候，牙齿能够得到正常的磨损，一般情况下并不需要额外的木头等其他材料对牙齿进行额外的磨损（图1）。如果兔的饮食结构里干草的摄入量不足，牙齿的问题就容易出现，并且因为这是一个渐进性的过程，想要逆转牙齿的问题几乎是不可能的。

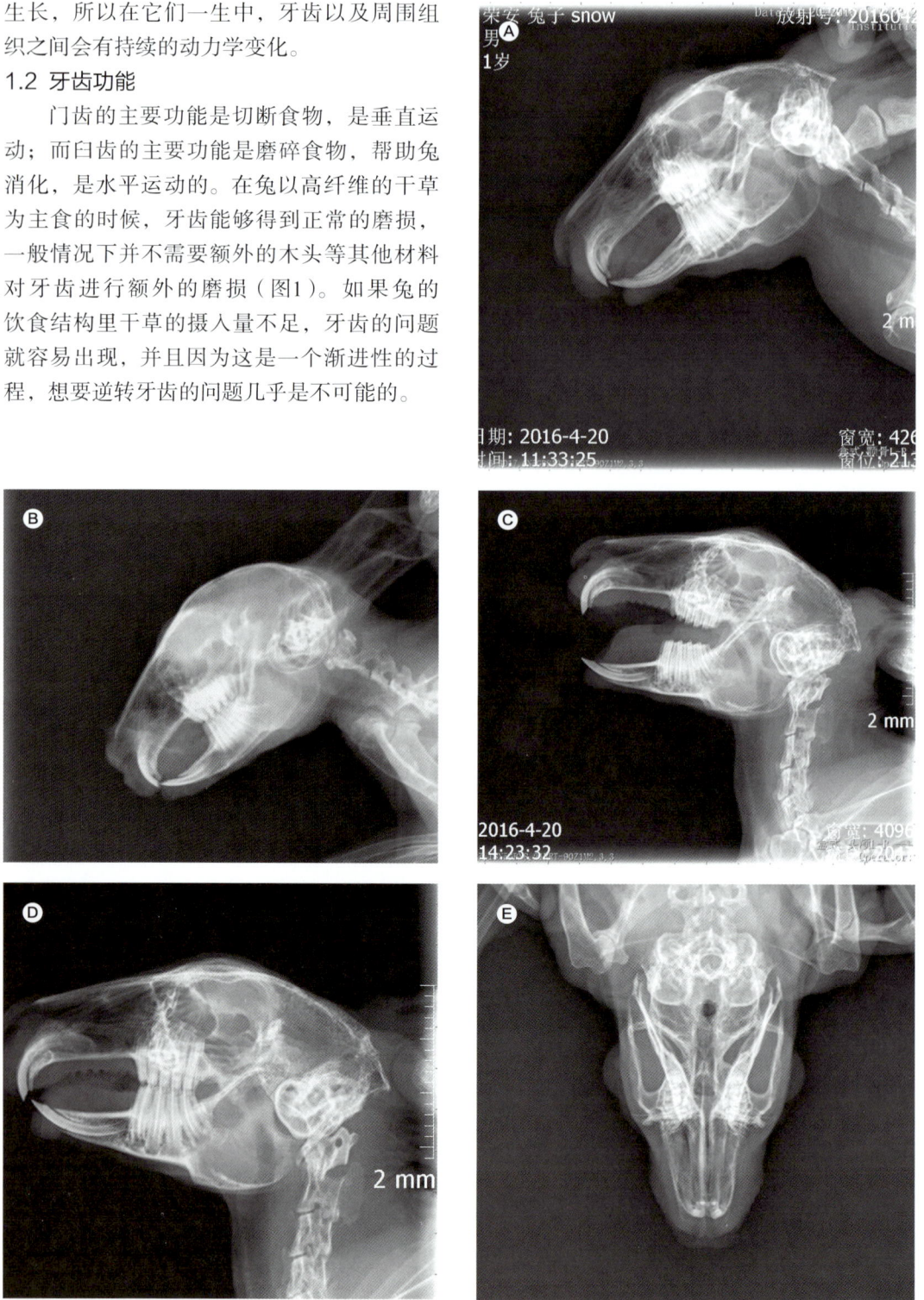

图1 兔健康牙齿的X线片。A为成年兔正常颌骨侧位X线片；B为幼年兔的颌骨侧位X线片，C和D为健康兔张口和闭口的X线片，可见切齿和臼齿都在正常位置，臼齿可以完全咬合；E为牙齿正常状态下的正位片

2　兔咬合不正的分类

兔咬合不正根据来源可以分为创伤性咬合不正和非创伤性咬合不正；根据发生的部位可以分为门齿咬合不正和臼齿咬合不正[1]。

2.1 创伤性咬合不正

部分或者全部损伤到牙冠（crown）部分，在持续生长的牙齿中这些牙齿可以慢慢长出并且逐渐恢复功能。而整颗牙齿的丢失或者其他原因导致牙根（root）的严重损伤，牙齿有可能不能恢复正常的形态和功能。

2.2 非创伤性咬合不正

这些咬合不正的形成通常是源于基因的异常、饮食结构的不合理和一些功能性的问题等，无论是什么原因，结果都是导致牙齿异常的磨损[1]。

有些品种因为基因的问题，容易出现咬合不正，比如一些侏儒兔或者垂耳兔等，这些品种的兔和其他兔相比，有一个相对比较长的下颌部分，上颌骨发育过程中有时候会比下颌骨短，因而它们比较多发切齿的咬合不正，形成俗称的"地包天"。因为缺少正常的咬合而牙齿又在持续生长，导致切齿过长（图2、图3）。而切齿的咬合不正有时候还会继发臼齿的咬合不正，因为切齿功能的缺失会一定程度上影响进食，导致臼齿的磨损不够。过长的牙齿一方面妨碍正常进食，另一方面有可能会刺穿嘴唇、黏膜等，导致溃疡，而进一步出现其他一系列的临床症状[4]。

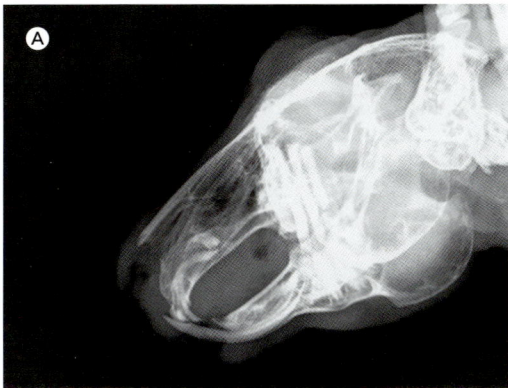

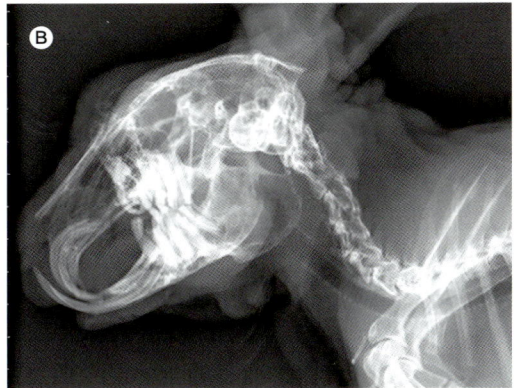

图2　A和B均为兔子切齿咬合不正的头部侧位X线片。兔子的下切齿位于上切齿的外侧，同时有臼齿的咬合不正

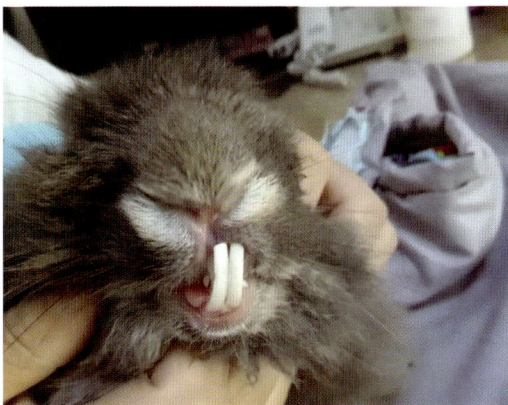

图3　切齿咬合不正有时候是先天的，侏儒兔、垂耳兔等品种比较高发。图为一只垂耳兔切齿过度生长的病例

非创伤性咬合不正的另一个重要原因是饮食结构的不合理。兔作为草食动物，需要摄入大量含有高纤维的干草，并将这纤维在盲肠段进行发酵，排出盲肠便再摄入进行营养的吸收。它们的饮食结构里面需要大量高质量高纤维的草，而现代化的兔粮里纤维不足，很多兔日常生活里缺乏高纤维的干草，这会导致兔牙齿的正常磨损不足而牙齿依然在持续生长，从而出现咬合面不平整，形成齿槽形态异常（图2、图3），牙釉质异常堆积（即牙刺凸出），并且会造成舌头及黏膜溃疡、感染等。饮食结构不合理也是大多数臼齿咬合问题出现的重要原因。

在一些比较严重的牙齿问题中，兔的牙齿被拔除后，后期因为牙齿持续的生长，也有可能在出现其他原本没有咬合不正的臼齿出现变化，牙齿有可能往缺失的牙齿方向弯，来弥补缺失牙齿的作用。

上方臼齿的牙刺多导致颊部黏膜的损伤，而下方臼齿的牙刺多损伤舌头。这会导致兔口腔黏膜及舌头破溃、溃疡、食物积存、疼痛、流涎、不食等（图4）。因为牙齿持续的生长而磨损不够，兔咀嚼的动作还会

使得牙齿反向向牙根（root）的方向延长，引起骨骼形态的变化。如果上臼齿反方向生长过长有可能导致上颌骨形态的异常，牙齿可能突入鼻腔、顶住鼻泪管，导致溢泪、出现脓性眼鼻分泌物、眼球突出等；下臼齿反方向生长过长会导致下颌骨形态的异常。牙齿疾病发展的后期都有可能使兔出现脓肿，因为严重感染、不食、消瘦等，牙齿的问题甚至会危及生命。

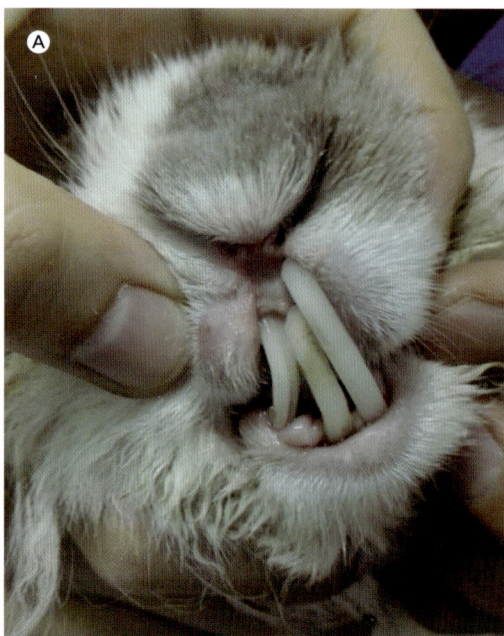

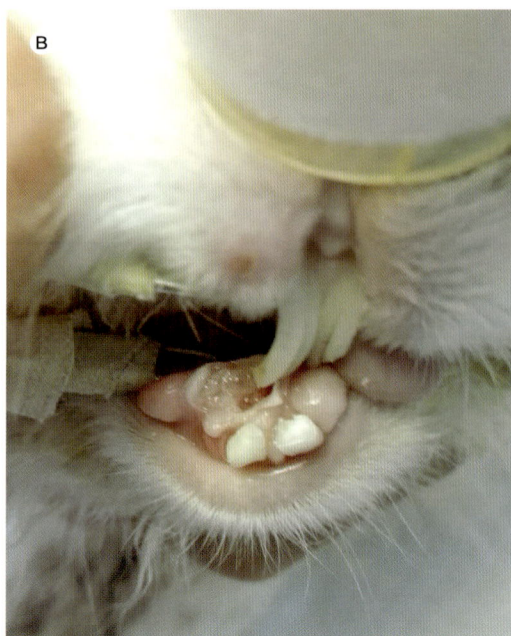

图4　严重的切齿咬合不全。A.可见兔上下切齿均很长，口腔周围有唾液的污染。长期唾液侵蚀皮肤，便会出现皮肤的问题。B.上切齿过度生长，损伤到下方口腔黏膜，已形成溃疡

咬合不正的兔或多或少都会存在厌食、体重减轻等问题，但是在着手进行治疗之前需要对这类病患进行稳定和纠正。在进行治疗前需要对兔进行全面的检查，排除是否存在其他的问题，如胃肠弛缓、呼吸问题等。

3　咬合不正的诊断

患有咬合不正的兔通常会有厌食、活动减少、体重减轻、行为改变、磨牙、流涎、眼鼻分泌物等症状，虽然会有一些其他的原因也会导致兔出现上述症状，但是当来到医院就诊的兔如果有上述症状时都需要将牙齿的咬合不正列入鉴别诊断。

根据咬合不正发生的部位，兔会有一些不一样的症状，切齿的咬合不正多发于幼年兔。

臼齿的咬合不正会非常疼痛，兔会在短时间内出现体重减轻、过度流涎，甚至因为食物和唾液的长期污染导致口部周围皮肤的问题[4]。

切齿的问题直接掰开嘴唇就可以看见，而臼齿的问题不是那么容易看到。因为兔十分敏感，口腔小且深，要想全面仔细地检查牙齿，需要将兔进行镇定或者麻醉后借助工具才能打开口腔（图5）。另外，需要借助X线片、内镜等其他手段结合检查。

怀疑患牙病的兔需要配合X线片的检查，因为牙齿根部只有通过X线片才能彻底观察到。咬合不正发展到后期会出现严重的齿根问题，如骨溶解、炎症、脓肿等（图6、图7）。

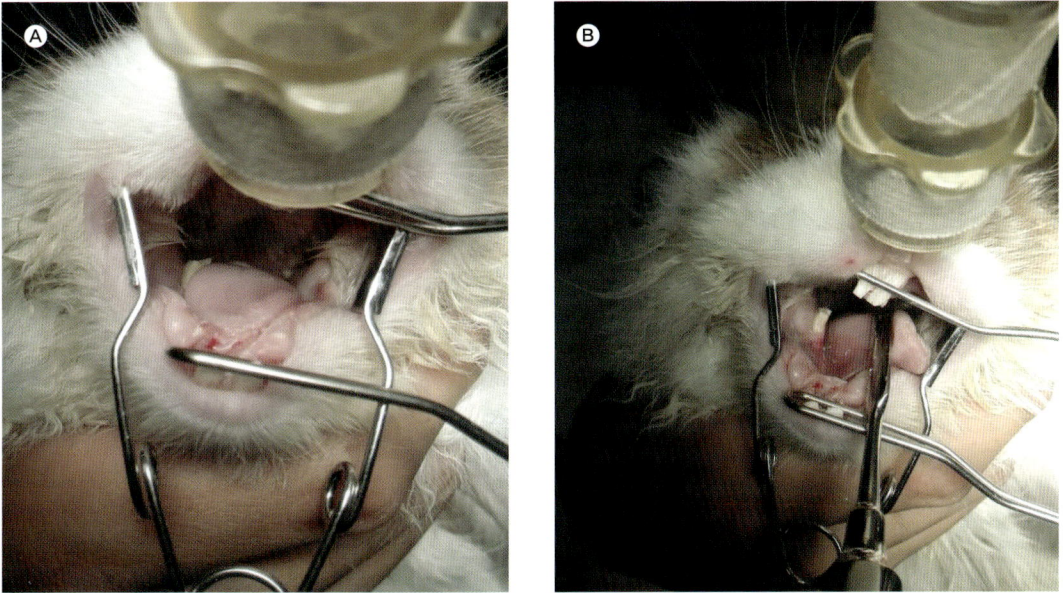

图5　使用开口器打开患兔口腔。A.可见该患兔还有臼齿的问题，可以看到右边下方的臼齿过长而且有牙刺形成。B.在对牙齿进行修整的时候使用压舌板等工具，以保护软组织

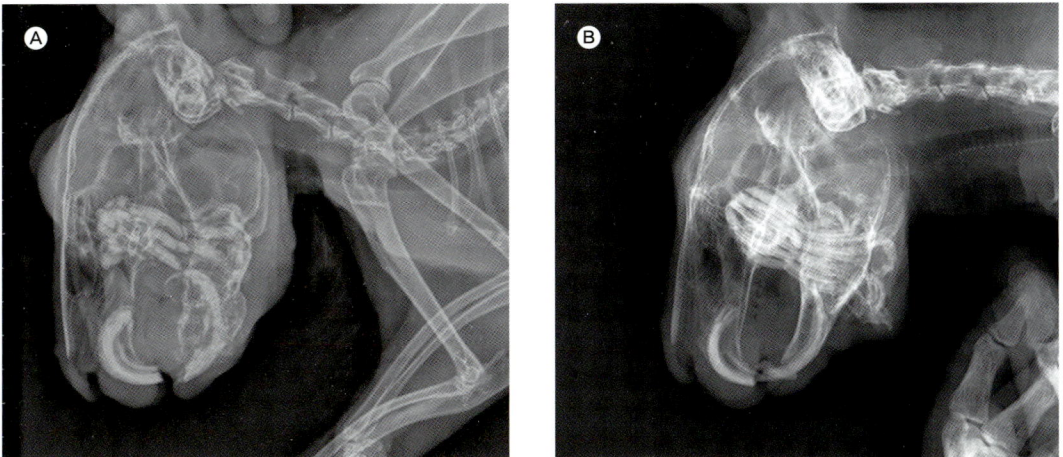

图6　均为臼齿咬合不正病例X线片。　A.显示齿根周围有明显的骨溶解，下颌骨形态异常，可以见到异常磨损的臼齿、增长的牙根以及牙根周围的炎症反应。　B.另一病例，显示下颌骨形态异常，已经发展到疾病后期，图中可见下颌有脓肿

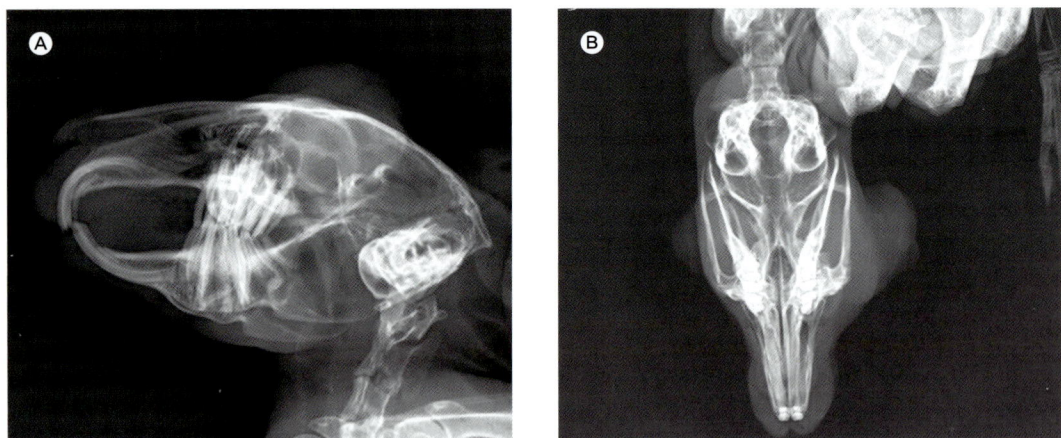

图7　因兔有严重的眼球突出来就诊的病例，图为头部侧位和正位X线片。A.可见臼齿齿根增长，B.牙根增长后形成球后脓肿，并导致眼球突出

4 咬合不正的治疗

咬合不正的兔或多或少都会存在厌食、体重减轻等问题，但是在着手进行治疗之前需要对这类病患进行稳定和纠正。在进行治疗前需要对兔进行全面的检查，排除是否存在其他的问题，如胃肠弛缓、呼吸问题等[4]。

咬合不正的治疗主要有磨牙和拔牙等手段，如果有脓肿形成的病例还需要考虑是否需要处理脓肿。采取的具体措施根据咬合不正发生的部位决定应该使用的治疗手段。最常见的牙齿咬合不正常发生于上臼齿的颊面和下臼齿的舌面，纠正了这些有问题的部分一般可以让兔恢复饮食[2]。患有牙齿问题的兔都需要定期进行口腔的检查和修剪，以维持兔正常饮食的进行。

在进行任何牙齿的治疗前，都需要对牙齿进行X线的检查和细致地读片，以确定疾病的阶段和后续的操作。

4.1 磨牙

有的医师会习惯使用剪子等工具对兔的牙齿进行修剪，但是这样做有可能导致牙齿牙釉质的破损或者牙齿的断裂，导致疼痛、髓腔暴露和齿根的感染和脓肿等。磨牙比较容易控制手术后牙齿的最终形状，但是如果

控制不好，也有可能会对周围软组织造成很大的伤害，所以在针对不同位置的牙齿在进行修理的时候有可能需要对兔进行麻醉或者镇定。只需要将牙齿磨到合适的长度，没有必要把整个牙冠（crown）都磨平，因为这样的做法有可能影响兔术后的饮食，甚至暴露牙髓腔导致疼痛。

磨牙需要使用高速的牙钻和合适的钻头。修理门齿的时候可以使用一个圆盘状带柄的钻头，修理臼齿的时候需要一个窄头的钻头。磨牙的时候都需要注意保护周围的软组织，可以借助压舌板等工具保护周围组织，也可以使用钻头配套的软组织保护罩（图8）。

图8　临床常见的修牙器械，上方工具是锯片和软组织保护罩，下方工具是圆锉和软组织保护罩

4.2 拔牙

对于切齿的咬合不正，除可以选择定期修整外，也可以选择进行拔牙。先天性的切齿不正，可以定期进行修整将牙齿修整到合适的长度，这样选择兔可能需要每几周就来一次医院；也可以考虑将切齿进行拔除，但是这样的处理需要在术后给兔子喂剪碎的干草段，因为兔需要切齿对干草进行切割。创伤性的切齿不正需要考虑相对方向的牙齿的情况，如如果上方切齿因为创伤的缺失会导致下方相对切齿的过度生长，这时候也需要考虑将相对的切齿进行拔除，即使下方相对的牙齿可能是健康的门齿。

有严重病变的臼齿建议进行拔除，如引起患兔较严重的疼痛，或者严重脓肿的牙齿、牙冠松动的牙齿，在治疗时建议将臼齿拔除。在拔除臼齿时要注意不要引起上下颌骨的骨折或骨裂。另外，如果没有对患兔形成严重的影响，也可以视情况保留坏齿，保留磨碎食物的功能。所以为减轻患兔痛苦，和避免拔除后牙齿的功能缺失，以及后续对周围牙齿的影响，在决定进行拔牙前，必须在全身麻醉下仔细检查患兔的口腔，包括口腔检查和X线片检查等，在必要时进行拔除以避免不必要的损伤。

4.3 齿根脓肿的治疗

齿根的脓肿是兔咬合不正常见的并发症。脓肿在兔非常难以治疗，一般形成于牙齿病变的后期，有时候也会继发于外伤（尖锐食物等划伤等）。脓肿的外壁一般会有一个很厚的囊壁，因为兔独特的生理功能，它们的白细胞里缺乏可以溶解异物的酶，因此脓汁形成后都是一种牙膏状的黏稠白色物质，非常难以排出，很难冲洗干净，而且极易复发。由于脓肿周围囊壁很厚，血循环也很差，所以即使注射抗生素药物也很难作用到脓肿部位。

一般来说，根据脓肿的严重程度和部位，可采用抗生素治疗结合手术切除脓肿组织，切开脓肿并且局部用药等方法进行治疗。但是即便及时诊断出脓肿部位，大范围切除清理感染组织（包括牙齿、周围骨头和软组织），同时结合良好的术后管理，成功治愈脓肿并恢复正常状态也是很难的[3]（图9）。

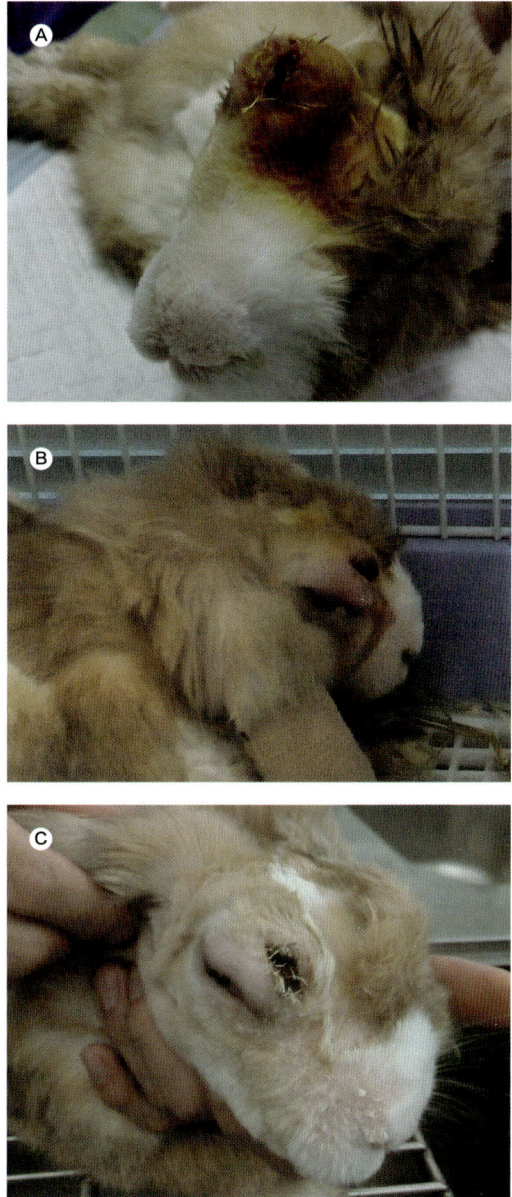

图9 患兔因严重的眼球突出就诊，眼球周围有很大的脓肿，进行切开治疗，术后进行冲洗用药、抗生素治疗、疼痛管理。A和B显示刚进行完脓肿清除术后的患兔。C为进行3天的冲洗后的眼睛和创口情况，患兔已有明显好转，但是仍然需要冲洗、配合长期使用抗生素治疗和疼痛管理

> 咬和不正的兔有时候会出现比如厌食、消瘦、排便异常、出现脓肿，甚至死亡。因为牙齿问题有可能严重影响兔子的生活质量，应该及时进行纠正。

5 总结

咬合不正有可能和创伤、基因等有关系，侏儒兔、垂耳兔等品种常发咬合不正。然而需要注意的是，除先天的原因外，有很大的一部分咬合不正源于兔平时对牙齿的磨合不足。

对于兔来说，拥有一个以高纤维牧草为主食的生活习惯是最重要的因素，它们每天的干草量需要占到摄入食物的80%以上，而兔粮的摄入量每天只需要一茶匙，只需要占到日粮5%左右，其他的部分可以提供各样的蔬菜来进行补充（15%）[2]，并且兔粮要求低蛋白、高纤维。干草中的纤维可以促进胃肠的蠕动、维持胃肠道微生态环境的健康，并且可以对牙齿进行有效的磨损。当兔日粮中高纤维干草含量不足，就必然会有牙齿的问题。提木西草、燕麦草等都是很好的选择，苜蓿等豆科植物含有大量的蛋白质、钙质，应尽量避免给成年兔子食用，可以给小于6月龄的兔或哺乳期的兔食用。任何饮食的改变都要渐进性的[2]。

对于兔来说，牙齿问题是一个逐渐发展的过程，牙齿疾病只会越来越严重而不可能有逆转。因此，预防牙齿问题的出现十分重要，当它们形成以颗粒食物、蔬菜、或者其他软的食物为主要饮食习惯的时候，想要再纠正饮食习惯，更换为纤维量高的饮食是长期而且困难的过程，所以有可能需要持续对患有咬合不正问题的兔定期进行纠正，定期检查牙齿并进行处理。

咬和不正的兔有时候会出现比如厌食、消瘦、排便异常、出现脓肿，甚至死亡。因为牙齿问题有可能严重影响兔子的生活质量，应该及时进行纠正。全面而细致地进行检查、对生活习惯的完整调查、拍X线片并进行读片都是诊断牙齿问题的关键。

在病患稳定后，可以进行磨牙、拔牙等操作。如果形成了脓肿，想要将脓肿治愈非常困难。脓肿的治疗应该结合手术、抗生素治疗、术后合理的管理等。

致谢：感谢荣安动物医院的张拥军院长、黄亚兰医生、王妍博医生及其他工作人员提供的部分病例及资料。

审校：施振声　中国农业大学

参考文献

[1] Dr. J.M.F. Sanchez, Dental Malocclussions in Rabbit. Southern Europe Veterinary Conference, Barcelona, Spain. Retrieved from IVIS.org, 2016.

[2] M.A. Mitchell, T.N. Tully, Manual of Exotic Pet Practice, Elsevier, 2009: 385-416.

[3] F. Harcourt-Brown, Treatment of Dental Disease (Including Abscesses) of Rabbits. The 56th international congress of SCIVAC, Rimini, Italia. Retrieved from IVIS.org, 2016.

[4] B. O'Malley, Dental Problems in Rabbits--What to do before, during and after Dentistry. The 33rd World Small Animal Veterinary Congress. Dublin, Ireland, 2008. Retrieved from IVIS.org, 2016.

犬猫肾性高血压
Hypertension in small animal kidney disease

译者　黄丽卿*
原文作者：Harriet Syme
选自：北美兽医临床，2011（41）

摘要： 肾脏疾病是造成很多动物高血压的重要因素。通常认为与原发性高血压不同，此种说法可能存在瑕疵；然而，因为很多患有肾病的动物其高血压的发病机制在原发性高血压的发病过程中也起到一定的作用，反之亦然。认为肾性高血压是一个独立的病理过程，是由固定的致病因素引起的，而实际则不然。

　　本文阐述了目前最重要的高血压发病机制和相应的最佳治疗方法。文中不涉及高血压犬猫的血压测量方法和终末器官损伤（非肾性）的相关描述。上述内容已经有多篇综述报道，读者可参考这些文献来获取相关信息。

关键词： 钠潴留，慢性肾衰，肾素-血管紧张素系统，高血压

1　血压的调控

　　神经系统，激素分泌和体内多种器官如大脑、心脏、脉管、尤其是肾脏等的共同参与来完成血压的长期调控。图1总结了血压调控的基本机制。细胞外液容量因不同机体总钠含量的差异而有所不同。肾脏的首要功能是调节水钠排泄，因此在血压的长期调控中起到主导作用。肾脏调节血压的2种主要机制是尿钠排泄压力和肾素-血管紧张素-醛固酮系统（RAAS）。这两个系统可以通过交感神经系统和大量血管活性介质的影响在局部和全身起到放大调节作用。

1.1　尿钠排泄压

　　尿钠排泄压力是一个调节系统，其作用是根据血容量和心输出量来改变盐和水的排泄，从而达到调节细胞外液的作用，尿钠排泄压可通过肾脏灌注压来表示。肾脏作为一个无限负反馈随动控制器，当其正常运行时，可以将任何异常的血压调整到正常。肾脏通过肾小球滤过，肾小管重吸收和肾小管分泌来完成钠的排泄，这些过程都受到肾脏生理特征如肾组织渗透梯度，以及多种激素和局部血管活性物质的调控。

　　在所有高血压试验模型和自然发生的病例中，尿钠排泄压关系的破坏是导致高血压出现的最根本原因。20世纪80年代，Guyton等通过一系列试验发现，如果肾动脉压力能维持在正常水平（在主动脉附近安置液压封

译者简介
黄丽卿　中国农业大学，hlqtotoro@163.com。

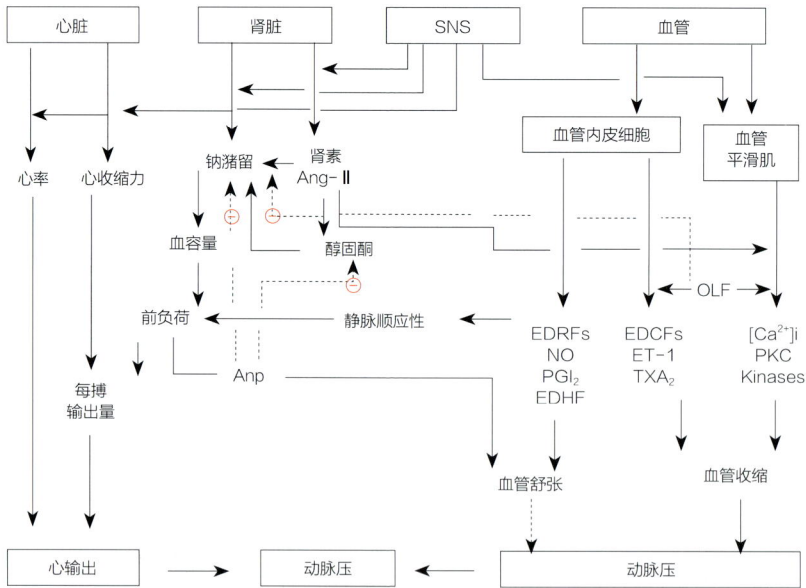

图1 脉血压的综合调控机制。实心箭头表示正反馈调节；虚线箭头表示负反馈调节。Ang-Ⅱ：血管紧张素Ⅱ；Anp，心房钠尿肽；$[Ca^{2+}]i$：细胞内钙离子浓度；EDCFs：内皮衍生收缩因子；EDHF：内皮衍生的超级化因子；EDRFs：血管内皮细胞舒张因子；ET-1：内皮素1；HR：心率；NO：一氧化氮；OLF:类乌本酐因子；PGI2：环前列腺素；PKC：蛋白激酶C；SNS：交感神经系统；TXA2：血栓素A2

堵器），血管的激素如：血管紧张素Ⅱ，醛固酮或是抗利尿激素的输入会引起明显的全身性血压增高和血管超负荷的症状。当解除肾主动脉收缩后，会出现尿钠排泄和多尿，高血压得到缓解。

患有肾脏疾病的动物，其肾脏排泄钠的能力降低，导致机体对盐的敏感度增高，因此高血压发生的概率更大。该机制对于晚期肾脏疾病的患畜尤为重要，因为在此疾病阶段肾小球滤过率（GRF）严重下降，经肾小球滤过的总钠量减少。而当肾脏衰竭程度较轻时，滤钠量的减少可以通过其他仍有正常功能的肾单位减少钠的重吸收来抵消。这表明发生在轻度慢性肾脏疾病（CKD）的高血压与肾小管和/或集合管控制钠离子排泄的能力降低有关。引起高血压最关键的因素是集合管对钠离子重吸收能力降低。对钠离子控制能力的降低可由临近肾单位的代偿机制来位维持钠平衡，但末端肾单位发生了钠转运异常，则没有相应的调节机制来代偿。

以此提出假设，高血压引起的钠排泄不足可能与入球小动脉的收缩有关。脉管收缩可由血管活性物质来调节，如缩血管因子内皮素的过度释放；或是血管舒张受阻，如NO释放不足；或是交感神经兴奋，亦或是肾素-血管紧张素系统的激活，引起血管收缩。该机制在肾脏疾病的患病动物意义不大，但对于原发性高血压的患病动物来说非同小可。

1.2 RAAS

RAAS直接控制外周血管阻力和水钠重吸收。肾素由球旁器的球旁细胞分泌，在体液有效循环量降低时发挥作用。有效循环量的减少可以通过动脉压降低，肾灌注压下降或运送至致密斑的氯离子减少来监测。腺苷酸与腺苷酸1受体结合而活化，它是调节肾素分泌的抑制因素，可促进氯离子向致密斑转运，或是增加肾灌注压，该压力可由入球小动脉处的压力感受器测定。低血压时，环化酶2和神经元型氮氧合酶都可促进肾素的释放。肾上腺素能受体β1激活使得交感神经兴奋，也会增加肾素的释放。而球旁细胞分泌的血管紧张素Ⅱ可抑制肾素的释放。

肾素是天冬氨酰蛋白酶，在球旁细胞内合成为酶原，肾素原。且肾素原只能在球旁细胞内转化为肾素。因此，在双侧肾脏切除的病例中，无法检测到血浆肾素活性（PRA）。在肝脏中，肾素分解生成血管紧张素原，形成十肽血管紧张素Ⅰ。在血管紧张素转化酶ACE的作用下，血管紧张素Ⅰ转化为八肽血管紧张素Ⅱ。血管紧张素Ⅱ分布于内皮细胞表面和体循环中。其他血管紧张素Ⅰ和Ⅱ的代谢物，由ACE同族体ACE-2合成。其中一些代谢物发挥的作用与血管紧张素Ⅱ作用相反，如血管舒张和抗增殖等。在用小鼠建立的糖尿病肾病模型中发现，抑制ACE-2会使得肾小球损伤恶化和促进蛋白尿的形成。

肾素原由球旁细胞自发释放，因此在血浆中肾素原含量是肾素的10倍。尽管肾素原在之前的研究中认为没有生理学意义，但现在的研究发现，有一种位于肾小球系膜和平滑肌细胞上的受体与肾素原和肾素的结合力相当。肾素原一旦与受体结合可表现出催化活性，使得血管紧张素原转变为血管紧张素Ⅰ。此外，肾素原与受体结合可以活化细胞内信号通路（如ERK细胞外信号调节激酶，以及转化生长因子β）。肾素原在糖尿病肾病的发病机制中可能有重要的意义。

血管紧张素Ⅱ通过最少两种受体亚型（AT1和AT2）发挥作用。AT1受体调节所有血管紧张素Ⅱ的经典生理作用。目前对AT2感受器的功能尚未了解，但通常来说，AT2感受器调节的功能与AT1的相反。血管紧张素Ⅱ升高血压的多种方式都是与AT1结合后进行调节。血管紧张素Ⅱ可引起血管突然和强有力的收缩，以此提高外周血管阻力。还能促进近曲小管（通过钠-氢交换同工型3）和其他肾单位对钠的重吸收。血管紧张素Ⅱ可促进肾上腺球状带合成和分泌醛固酮。转而，醛固酮促进集合管主细胞对钠离子的重吸收。

通常将RAAS调节高血压和肾脏损伤的作用都归功于血管紧张素Ⅱ，但有越来越多的证据表明醛固酮在其中也会发挥了关键作用。有研究称，给大鼠外源性醛固酮可引起高血压和肾脏损伤。很多啮齿类动物残存肾病模型的病理变化（如高血压，肾小球硬化和蛋白尿），在禁止使用血管紧张素Ⅱ的情况下，都可以通过注入醛固酮来复制。相反，肾脏部分切除和同时肾上腺的啮齿类动物，其高血压情况可以得到缓解。

除循环中的RAS外，包括肾脏在内的很多组织都可以局部产生血管紧张素Ⅱ（或是RAS的其他成分）。这种组织依赖性的激素系统以旁分泌的方式独立调控激素循环。肾内RAS的上调可能会在一些肾脏疾病的发展中起到病理作用。RAAS可用于解释一些疾病，尤其是糖尿病肾病中出现的悖论；尽管PRA浓度低，在使用血管紧张素转换酶ACE抑制剂治疗时，会出现剧烈的血液动力学反应。

1.3 交感神经系统

交感神经的异常兴奋会引发高血压。交感神经过度兴奋会导致钠潴留，刺激肾素释放以及肾功能减退。肾脏本身的传入神经直接与中脑的神经心血管控制中枢相连，因此肾脏自身可增强交感神经活动性。这样看来，肾脏同时为交感神经兴奋时的靶器官和控制器。

研究发现，即使是在轻度代偿的CKD上也会出现明显的交感神经活动增强。此外，在轻度急性肾损伤模型和GFR正常的多囊肾（PKD）个体上也会表现出交感神经活动增强。这些发现表明，交感神经兴奋是CKD早期的病理生理表现，而不是尿毒症引起的结果。多种形式的肾损伤都会通过肾脏传入感觉神经来激活交感神经系统。

肾移植患病动物表现出肾功能良好时可引起体内交感神经的兴奋增强，这样的情况与进行肾透析患病动物相似。而进行双肾切除的肾移植患病动物，其交感神经活动与健康对照组一样正常。在人医，CKD病人交感神经的过度兴奋可增加发生心血管疾病的风险。20世纪50年代（在高效制药出现之前），有报道称腰椎交感神经切除术是恶性高血压的有效治疗方法。近年来，随着交感神经切除术已变成一种低侵入性的治疗方法，又开始流行使用该手术治疗人医患者的顽固性高血压。

肾胺酶是一种水溶性单胺氧化酶，CKD患病动物的肾胺酶含量会相对缺乏，导致去甲肾上腺素水平升高引发高血压。肾胺酶主要在肾小球和近曲小管处表达，此外在心肌和骨骼肌处也有。正常情况下，肾胺酶没有酶活性，当受到生理性刺激如血压升高，会激发它的酶活性。可在健康人的血浆中检测到肾胺酶，而在尿毒症患者体内则没有。近期人医的研究发现，肾胺酶单一核苷酸多态性与原发性高血压相关。

1.4 其他调控机制

人医中，肾脏疾病患者甲状旁腺激素浓度与血压的变化有关。慢性甲状腺机能亢进可引起血管平滑肌细胞内钙离子的积聚，提高细胞对去甲肾上腺素的敏感性。这一影响可被钙离子通道阻断剂所阻断。而一项研究表明，切除甲状旁腺对接受肾透析治疗病人的血压没有任何影响。该研究对甲状旁腺素在肾脏疾病引起高血压的致病机理中起到的重要作用提出质疑。

使用促红细胞生成素也会引起血压升高。这项发现可以用于解释在临床试验中使用促红细胞生成药物引起的肾脏疾病患病动物红细胞比容相对提高，与增加患病动物心血管疾病风险的相关性。而单纯的红细胞比容升高导致血液黏稠度改变也会增加心血管疾病的风险，因为这会引起微动脉收缩和去甲肾上腺素敏感性提高。

2 肾性高血压的发病机制

人医的研究称，高血压是CKD的致病因素也是CKD导致的结果。肾性高血压的发病率与GFR呈反相关，肾脏疾病越严重，高血压的发病率就越高。需要注意的是，人医的

CKD患者中，高血压是由多个发病机制共同作用而形成的，但是根据某些类型的肾脏疾病，会有某一种发病机制在其中起到主要作用。后文将阐述伴侣动物相关肾脏疾病。

2.1 肾脏透析患者

人医中，在进行肾透析之前，有超过90%的晚期肾病患者出现高血压。而大多数接受了血液透析治疗的患者，会因为细胞外液的扩增导致高血压的出现。透析时可通过调节超滤的速度和限制钠的摄入来控制血压升高。通过塔辛血液透析装置测定结果显示，使用长期缓慢的透析方法治疗几个月后，仅有不到5%的病人需要使用降压药控制血压，该结果表明维持血容量稳定对肾透析患者来说十分重要。因为缓慢透析法超滤速率相对较低，血容量变化相对较小以及透析中不良反应少，患者干重（dry weight）（血压在透析前后维持正常）往往会增加。而大多数透析中心结果显示，尽管采取缓慢透析的方法，高血压的发病率依然很高。

少数进行血液透析病人的高血压难以调节至正常范围。对于这些患者，RAAS的过度兴奋可能是导致持续高血压的原因。Vertes等在20世纪60年代进行的研究发现，在40名接受透析治疗患者中有35名（87.5%），维持干重有助于在不使用药物的情况下控制高血压的发生。而剩下的5名患者（12.5%）血压持续升高，PRA也显著升高。研究者将这样的高血压定义为肾素依赖性高血压。这5名患病动物通过切除双侧肾脏，使得PRA浓度降至极低而成功治愈。

高血压在需要进行透析治疗的急性肾衰竭患犬上很常见。加利福尼亚州戴维斯加利福尼亚大学进行的一项研究中，使用153只实验犬进行透析治疗，其中78%有收缩期高血压（>150mmHg），84%有舒张期高血压，87%有收缩期高血压或舒张期高血压。该研究表明，高血压与肾衰或是排尿障碍的相关性不显著，也不会影响患畜的存活时间。同样另一项研究也发现，患犬接受透析治疗前的血

压与存活时间并无关联。

同样在加利福尼亚大学进行的另一试验，使用119只猫进行透析治疗，40%的猫在接受治疗前有高血压（收缩压SBP>150 mmHg）。试验表明，血压并不是造成肾衰的病因。

2.2 肾移植患病动物

在人医，现已知有很多因素可引起肾移植患者出现高血压，其中重要的有：免疫抑制治疗、患病动物自身肾脏分泌肾素、移植肾动脉狭窄、移植肾衰竭和供体高血压。环孢菌素被认为是引起肾移植后高血压的致病因素。环孢菌素（和其他钙依赖磷酸酶抑制剂）引起肾小球前入球动脉收缩，导致肾脏血流和GFR下降。有一些介质参与这一过程，包括：内皮素、前列腺素、氮氧合酶抑制剂还有RAS活化。慢性环孢菌素肾毒性通常表现为肾结构性损伤，主要包括肾间质纤维化和肾小管萎缩，同时还伴发GFR降低和全身性高血压。使用钙离子通道阻断剂可以阻止结构性损伤的进一步发展，表明舒张入球小动脉可以缓解环孢菌素造成的慢性肾毒性损伤。而糖皮质激素可能与肾移植受体高血压的发展相关。

肾动脉狭窄是人医中造成高血压和移植肾脏功能衰竭的常见因素。有5%~10%肾移植患者出现肾动脉狭窄。移植肾功能衰竭任何时候都可能发生，在移植后3个月到2年是高发期。发病原因有：移植过程中供体或是受体血管出现损伤，免疫介导引起的供体肾动脉内皮细胞损伤以及受体髂内动脉粥样硬化的扩散。肾移植患病动物发生的肾血管性高血压在临床上与Goldblatt一肾一夹高血压模型相符合。该模型最先用在实验犬上被描述，单侧肾脏灌流不足激活RAS，反过来导致钠潴留和细胞外液体积扩增。这些变化一方面提高了肾灌注，并降低RAS兴奋性，使之恢复正常或降至更低；但另一方面也会引起血容量的扩增。当肾小球滤过分数升高引起肾血流下降时，肾小球后微动脉的收缩可维持

GFR在正常水平。

在人肾脏移植中，与供体家族血压正常相比，患有家族性高血压的供体则更容易引起受体血压升高。长期以来一直在实验模型上研究供体肾脏的重要性。遗传性高血压的大鼠肾脏可引起受体鼠高血压，而接受遗传血压正常的供体肾脏可降低有遗传性高血压受体的血压。这些研究结果证实了肾脏在高血压发病机制中的重要性。

严重急性高血压常见于肾移植围手术期的猫。在进行围手术期血压监测前，很多猫出现术后神经并发症，最常见的是癫痫，这些猫最后均以死亡告终。还有昏迷，共济失调和失明等也有报道。使用肼酞嗪治疗猫高血压可以减少术后神经并发症的发生。有两个研究发现肾移植术可引起猫严重高血压，一项研究中，34只猫有21只（64%）发生术后严重高血压，血压超过170 mmHg；另一项研究，30只猫有9只（30%）发生术后严重高血压，血压超过160 mmHg。但这两项研究发病率差异明显的原因尚不清楚，Schmiedt等推测这可能与移植前的器官冷藏技术有关系，有报道称大鼠肾脏的缺血-再灌注可激活肾内RAS，而低温可抑制这类血管活性介质的产生。但是在另一研究发现，10只进行了对侧肾脏切除和自体移植的猫均没有出现明显的术后高血压。此外，肾脏缺血-再灌注也没有引起这些猫体内肾素活性的升高。因此，肾脏缺血和再灌注损伤并不是造成猫肾移植后高血压的原因。

高血压长期发病率在接受肾移植并度过了围手术期猫中尚未有报道。对肾移植后死亡猫体内供体肾脏进行组织病理学评估发现，肾脏微动脉出现微小的改变，这说明高血压可能并不是肾移植后的常发疾病。这项研究还发现，这些改变与环孢菌素肾毒性造成的损伤一致。尽管环孢菌素的浓度与全身性血压升高没有联系，但是其浓度变化与猫肾移植后的肾动脉阻力指数呈正相关。

除了用于建立人肾移植的实验模型之

外，很少给犬实施肾移植手术。一份15例肾移植术临床病例的报道称，大多数出现术中高血压的犬可通过阿片类药物控制血压，仅有一例使用硝普钠。其中有一只患犬在接受肾移植2个月后出现高血压，通过移除残存的自体肾脏来治疗，但是否治愈未见报道。虽然文中并未详细说明，但剩余的14只犬术后血压应为正常。

2.3 糖尿病性肾病

糖尿病是引起人CKD的最常见病因，在所有的CKD病例中几乎占到1/3。高血压往往在可检测到GFR降低之前就已发生。一旦确诊为糖尿病性肾病，那就意味着肾脏排泄钠能力的下降；尽管肾内RAS仍可被激活，但是全身RAS受到抑制。很多2型糖尿病患者出现包括胰岛素抵抗、高血压、高血脂和肥胖在内的代谢综合征。代谢综合征的发展是包括遗传和环境在内的多因素导致的。血管内皮细胞中糖基化终产物的堆积，血管舒缩活动的改变，氧化应激的增强和交感神经的过度兴奋都会引起糖尿病的发生和恶化。

在一项研究中，50只糖尿病患犬中有23只（46%）出现高血压（收缩压 > 160mmHg，平均动脉压 > 120mmHg，或是舒张压 > 100mmHg），这其中还有几只犬出现蛋白尿。另一报道称，31只糖尿病患犬的血压都高于健康犬，但差异不显著。糖尿病患犬平均（SE）收缩压是142.6（3.89）mmHg，尽管这些数据没有直接的报道出来，但这么看来糖尿病患犬不太可能出现明显的高血压。研究并未对糖尿病患犬的肾功能进行评估。一些兽医书籍中的独立病例称糖尿病猫会出现高血压性视网膜病变。然而，目前尚没有充足的证据证明患糖尿病猫会发生全身性高血压的风险。2份病例分析报道了24只猫血压测量的结果，所有猫的收缩压均低于180mmHg，也没有发生肾衰竭。

2.4 高血压性肾硬化

高血压性肾硬化是引起人CKD的第二常见病因，占成年人CKD的21%。高血压性肾硬化的诊断暗示高血压是引起肾病的原因，但该说法存在争议。其中一个问题是，高血压性肾硬化是组织学诊断的结果（其特征是：肾小球硬化，微动脉血管壁增厚和肾内膜纤维化）但实际上很少能从患者身上取到活组织检查样本，而高血压造成的肾损伤也不具有病理特征。此外，恶性高血压可造成患者肾功能衰竭，这点在人医上已经有了几十年的认识，但轻度至中度高血压和良性高血压是否是肾衰竭的病因仍存在争议。一些流行病学的研究指明高血压与随后发展的肾衰竭有关，但这些试验受到质疑，因为在试验开始时并没有对受试者既存的肾脏疾病进行检测。而这一事实表明，高血压会加速既存肾脏疾病的发展而不是引起健康肾脏出现问题的病因。

高血压性肾硬化的形成由两种看似对立的病生理机制阐述。第一种是肾小球缺血。慢性高血压会引起肾小球前动脉和微动脉的缩小，导致肾小球血流减少。第二种是肾小球高血压和肾小球超滤。该机制认为高血压造成一些肾小球出现硬化，为了代偿由此而引起的肾功能丧失，剩余的肾单位会通过舒张肾小球前动脉来增加肾脏血流和肾小球滤过作用。引起的相应后果就是肾小球高压，肾小球超滤和肾小球硬化症恶化。这些发病机制很有可能同时发生，而不是相互对立存在。

在猫临死前的高血压临床表现中，很少有报道描述高血压动脉硬化的组织特征。对于猫来说，肾脏疾病和高血压常同时被发现。因此几乎不可能诊断出肾脏疾病和高血压的疾病关系。尽管猫肾衰很常见，但很少有肾衰引起的全身组织病理学表现的描述。Lucke对93只猫进行了肾脏形态学检查，仅有少数出现了功能性肾损伤，以及在弓形动脉和肾小叶内膜和间质有纤维状动脉硬化斑块。另一项研究比较了不同种属猫发生动脉硬化的年龄，结果发现在老年猫上出现了轻度且可控的内膜增生。还有一项研究猫肾衰的实验发现，在10只受试猫中有9只出现肾动脉中度肥厚。这些研究结果与Dibartola等人的结果不符，Dibartola研究了74只死前诊断为慢性肾衰竭的猫，其中有3只出现了视网膜脱落，研究者推断可能是高血压导致的，但没有一只出现血管病变。在该研究中，组织病理学诊断出发生最多的是慢性肾小管间质肾炎，但研究者没有阐明是否发现了血管病变或是简单认为病变不明显。在上述的研究中，均没有描述血压的测量方法。今后进一步了解全身性高血压在猫肾衰发展或恶化中的影响需要有全身组织病理学的研究。在一项初始研究中，采集先天性高血压死后剖检的猫肾脏标本，尽管这些猫使用氨氯地平治疗几个月甚至几年，但结果发现包括肾小球硬化等的组织病理学变化比血压正常的CKD猫还要显著。但无从考究这些变化到底是高血压（或是治疗）的致病因素还是高血压引起的病变。

2.5 PKD

高血压在人PKD中很常见，常在任何肾功能减退被检测出来之前就已出现。血压与儿童和成年人的肾脏体积相关。使用ACE抑制剂有效的控制血压后可延缓囊肿的增大，以此推断高血压可能会加粗囊肿的发展。PKD引起高血压的原因是，不断增大的囊肿使得肾血流量减少，导致局部组织缺氧。因此，高血压病人红细胞生成素浓度相对提高。尽管之前的研究没能证明PKD病人体内PRA或血管紧张素Ⅱ的绝对增高，但随后的研究证实原发性高血压病人体内RAS活性的相对提高。由此可知，双侧PKD会引起RAS活性提高伴随钠潴留，反过来会降低RAS活性至正常水平，但会出现细胞外液体积的相对扩增。肾内RAS的激活可通过免疫组化检测手术摘除的肾移植患病动物的肾脏来证实。PKD患病动物交感神经兴奋和内皮素1生成增加也是导致高血压发生的原因。

猫常染色体显性PKD与人PKD有直接的临床相关性。引起猫PKD的突变基因是PKD1，而相对应的基因突变占人PKD的85%。在猫PKD中很少见因严重高血压造成的视力损伤，不排除有个案。在一个小型试验中有6只PKD猫和6只对照，通过植入动脉导管和无线电记录装置检测血压，结果显示这两组的血压没有差异。给这两组猫都使用依那普利，发现两组血压的下降和PRA的升高都相同。而第二个试验却证实PKD猫（$n=14$）的血压比性别和年龄都相匹配的波斯猫（$n=7$）都要高，而SBP和舒张压没有显著差异，且没有一只猫出现过度高血压。PKD猫的PRA有降低的趋势，这反映出与对照组相比，发病组的醛固酮肾素比降低。将这些结果类推在人PKD可说明，PRA的降低并不能指示RAS与所有的血压升高均无关。因为RAS与细胞外液容积相关，而且PRA会因血压升高和肾灌注压提高而受到抑制。综上所述，猫PKD发展为高血压的机制是否和人的一致现在尚无定论。

犬很少患PKD，但可见于澳大利亚的牛头梗。这些犬都伴发有瓣膜性心脏病，导致血压测量结果的判读很复杂，但均没有出现高血压。

2.6 肾小球疾病和肾病综合征

在人医，与肾小管间质疾病患者相比，高血压更常见于肾小球疾病的患者，且与GFR不相关。高血压也常见于肾病综合征，因为潴留的大部分液体被分配至肾间质而不是血管，所以通常程度较轻。过去认为肾病综合征是血管胶体渗透压降低引起的血压过低和钠潴留。肾病综合征病人的血容量检测通常正常或轻度升高。但现在认为钠潴留是肾小球疾病的初始征兆。显微穿刺试验使用肾病综合征作的试验模型，确定了钠排泄障碍发生于连接管和集合管。这一发现反过来将非醛固酮依赖性上皮钠离子通道的激活与随之出现的基底细胞膜Na^+，K^+-ATP酶上调相结合。肾阻力对心房尿钠肽的激活可能是蛋白尿性肾病出现钠潴留的潜在机制。

不同的研究中，犬自发性肾脏疾病引起

高血压的发病率有着本质上的差异。可能是因为不同研究采用的血压测量方法不同导致差异的出现。但通常来说以肾小球疾病为主的肾病其高血压的发病率更高。在一些犬CKD代表性的研究中（通常非蛋白尿性肾病占主导），血压和尿蛋白/肌酐（UPC）比有相关性，但在另一些研究中这种相关性不明显。近期一项试验发现患有肾脏综合征的犬相互间血压差异不大，但是患犬的血压显著高于有蛋白丢失性肾病但没有水肿或腹水的对照组犬。

利什曼原虫感染是引起疫区犬肾小球病的常见因素，尤其是在地中海盆地。在一项回顾性研究中，对105只利什曼原虫感染患犬进行调查，超过半数（49.5%）患有肾脏疾病，表现为氮质血症（肌酐>1.4 mg/dL）和/或蛋白尿（UPC比>0.5）。这些患有肾脏疾病的犬中，61.5%（n=32）有高血压，其中25只患犬SBP高于180 mmHg，7只SBP高于150 mmHg并伴有左心室肥大。而高血压的发病率在有蛋白尿但没有氮质血压的患犬中为70.6%（17只犬中有12只）。在今后研究肾小球疾病犬的全身性高血压时，利什曼原虫感染是非常有用的自然发病模型。

目前其他自发性的犬肾小球疾病中的血压测量报道有限。在一项试验中，69只犬有22只（31.9%）在肾组织活检之前检测出高血压（SBP>180 mmHg）；怀疑这些实验犬大多患有肾小球疾病。目前有报道称在法国獒犬上发现了幼年型肾小球病，但仅检测了4只犬的血压，且都没有出现高血压。另一项研究发现146只爱尔兰软毛㹴中仅有12只（8.2%）有蛋白丢失性肾病的犬出现了高血压，其中5只犬有视网膜损伤。但并不清楚这项研究给多少只犬进行了血压测定，因此不能确定高血压的发病率。此外，还有报道称犬莱姆病引发的肾病也会导致高血压的出现，但发病率不详。

尚未见关于高血压和膜性肾小球性肾炎相关性的报道，该病可见于青壮年，雄性为主的猫。

2.7 未知原因引起的CKD

很多被诊断为CKD的动物，有轻度蛋白尿但却找不到引起肾脏疾病的明确病因。这些动物的肾脏小，如果进行活检（几乎没有临床表现）可能会发现肾小管间质肾炎和纤维化。这类动物临床表现不明显，尤其是老年猫，它们最常见的表现就是高血压。在很多研究中，大约有2/3患有高血压诱发的视力损伤的猫发生氮质血症。但是氮质血症患猫高血压发病率的统计结果没有一致性，范围幅度为19%~65%。出现这样结果的一部分原因是群体研究的差异和用于判定高血压的截点不一致。有一项报道称有高血压性终末器官损伤表现的患猫，轻度氮质血症的倾向性高。被诊断为CKD且血压正常的猫，即使肾脏疾病出现恶化，但其之后发生高血压的情况并不是很常见。这项发现与人医的血压与GFR呈负相关的报告形成对比。

犬因全身性高血压导致的视力损伤要比猫少，但在一些病例报告中也有出现。犬对于视力损伤的耐受性较强，即便是出现了相对严重的高血压，因此犬高血压的诊断与猫相比更加困难。在一项系统测定氮质血症CKD患犬血压的试验中，高血压截点设定为160 mmHg和140 mmHg的发病率对应为31%和54%。另一项试验发现肾脏疾病患犬血压要高于临床表现正常的犬，差异不显著，且高血压不常见，但报道中没有高血压发病率的统计。

高血压猫血清或血浆钾离子浓度较正常猫的低，但患猫的血钾浓度都在实验室参考范围之内或仅稍低于下限值。出现这种差异的可能解释是：高血压猫有相对或绝对的高醛固酮症，这一假设已通过多项不同的研究来证实。Jensen等的试验表明患有肾脏疾病的高血压猫体内醛固酮浓度要显著高于年轻正常的对照组猫。但该试验的缺陷在于不能区分出差异性是因实验组的高血压还是其他的组间差异（如肾功能、饮食或年龄）所致。

而后续的试验比较了都患有CKD的高血压猫和正常血压猫后也指出高血压猫的醛固酮有轻度上升，虽然组间重叠较大，但在大多情况下醛固酮浓度都维持在实验室参考范围之内。以上试验结果都认为高醛固酮症在CKD猫高血压发病机制中有一定的作用。但因为差异不显著，高醛固酮症在该机制中的重要性尚未清楚。

部分肾单位血液灌注不足引起的肾素生成增加被认为是CKD患病动物出现高醛固酮症的机制。但是少数患有CKD和高血压猫的PRA正常或是偏低。这一结果提示与猫CKD相关的高醛固酮症不受RAS刺激的影响。有一项临床报告支持上述理论，当使用ACE抑制剂治疗猫时，血压几乎没有变化。同样，在另一项检测使用ACE抑制剂前后高血压猫的PRA和醛固酮的试验也发现，药物治疗对于这两种激素的变化并无影响。

高醛固酮症在CKD猫高血压的发展中有一定作用的理论得到另一项试验结果所证实。该试验的研究对象为少数表现出高血压症状的猫，组织学检查肾上腺发现肾上腺球状带出现了广泛的增生性小结。但另一项肾上腺皮质的比较组织病理学研究却发现，尽管肾上腺皮质增生泛发（67只实验猫中65只都有），高血压猫（$n=37$）和血压正常猫（$n=30$）的的肾上腺皮质组织病理学变化并没有差异。此外，高血压组的2只猫有肾上腺皮质肿瘤。因此，即使肾上腺皮质病变在老龄猫上很常见，它也不能用于独立解释高血压的发展。而相关的非抑制性高醛固酮症也是引起高血压出现的多种因素之一。

还有其他导致CKD猫出现高血压的可能机制。当盐皮质激素靶器官如肾脏内的激素活性皮质醇到无活性的皮质酮转化降低时，盐皮质激素的过多释放会导致CKD综合征的出现。这一转化过程受到2型11β-类固醇脱氢酶催化，而人医中，CKD患者体内该酶的活化受到破坏。皮质醇与盐皮质激素受体有很高的亲和性，而且它的浓度较醛固酮要高得

多。如果皮质醇到皮质酮的转化降低，就会出现盐皮质激素分泌过度引起的症状（低血钾和高血压）。为了证实皮质醇向皮质酮转化的下降在CKD猫高血压发展中的重要性，比较了高血压猫和正常血压猫的皮质醇/皮质酮比，结果显示无差异。事实上，与临床表现正常的猫相比，CKD猫体内皮质醇到皮质酮的转化更为高效。这一潜在的肾脏疾病适应性反应的机制尚不清楚。

NO是血管扩张物质，在调节肾脏血流和控制血管张力中有重要的生理作用。正如之前所预测，Nω-硝基-L-精氨酸甲酯（L-NAME）是一种抑制NO生成的物质，临床表现正常的猫长期食用L-NAME会引起血压的显著升高。NO生物利用度下降引起的血管内皮功能紊乱与高血压的发病机制和肾脏疾病的恶化有关。人医中，两种引起CKD患者体内NO不足的原因是：L-精氨酸缺乏（因为肾脏是L-精氨酸合成的主要部位）和内源性NO合成酶抑制剂的蓄积，尤其是非对称性二甲基精氨酸（ADMA）。在CKD猫的研究中没有发现L-精氨酸缺乏，但ADMA与肌酐的浓度呈正相关。但ADMA浓度在高血压猫和血压正常猫上无差异，ADMA检测值与SBP也没有相关性。因此，尽管CKD猫体内可能存在因ADMA蓄积而引起的血管内皮功能紊乱，但该机制似乎与全身性高血压的发展无关。

高血压猫的PRA正常或偏低（见之前讨论）指明了钠潴留和血容量扩增在猫肾性高血压发病机制中的作用。但尚没有对CKD猫血容量的状况进行系统性研究。在一项小型的比较试验中，血浆容量在4只高血压CKD猫的值（33.1mL/kg）与对照组正常青年猫（29.3 mL/kg）的相比没有显著差异。本研究未与血压正常的CKD猫进行比较，但要证实CKD猫血容量的变化特征需要进行大样本量的试验研究。之前认为血容量是一项独立指标的想法是错误的。因为血压是用于衡量血管收缩程度的指标，而血管床与血管的填充相关（因而有血管收缩-容量这一假说）。尽管操作难

度较大，但血容量和血管张力的测定需要同时进行。钙离子通道阻断剂或是其他微动脉扩张剂会引起猫血管张力的明显改变，这一改变比在犬和人上的都要显著，因此表明血管张力的增加在猫高血压的发病机制中有相当重要的作用。

人医中，盐的摄入量会对CKD患者的血压变化有直接影响，而这一影响在肾功能水平低下时更为明显。目前研究有限，尚未证实猫血压为盐敏感性。但这些研究都仅使用了少数自发性肾衰或诱导引起肾衰的猫进行研究。目前还没有关于盐敏感性血压在猫高血压中的研究，这将是今后研究的一个热点。对于临床表现正常的犬来说，盐摄入量的增加仅造成机体水量的增加，而不会影响血压的变化。不同的盐摄入量也不会引起实验性肾减少犬的血压改变。目前还没有相关试验在自发性CKD犬上进行。

2.8 非氮质血症性CKD

正如之前的讨论，与预期结果相反的是被诊断为高血压的猫仅出现了轻度的氮质血症。到目前为止所有一系列关于猫高血压的研究中，大约20%的猫都没有氮质血症和甲状腺机能亢进。引起这些猫发生高血压的病因都比较罕见，如原发性高醛固酮症或是嗜铬细胞瘤，但这些病因并不是所有患猫发生高血压的原因。因此定义这类高血压为自发性高血压。对于这类猫来说，高血压可能是原发性，与其他疾病都没有关系；也有可能与潜在的CKD相关，但没有严重到引起氮质血症。人医的相关研究显示，即使GFR正常，肾脏疾病也会提高发生高血压的发病率。

3 治疗

降低膳食中钠的摄入量常被推荐为控制人全身性高血压的第一步，但并没有证据证明这样的治疗方法有益于高血压猫或犬的管理，因为血压并不会因为钠盐的摄入限制还是增加而发生改变。而钠的摄入减少反而会造成包括激活RAS和尿钾增多在内的有害影响。目前，对于犬和猫自发性高血压的推荐治疗方法是避免异常高盐的摄入，而不用特别限制盐的摄入。目前尚不清楚给疑是高血压的CKD患病动物皮下输液的管理是否会改变其血压。在获得更多信息之前，建议保留在停止输液后很容易出现脱水的患病动物皮下输液的治疗方法。

药物管理是治疗犬和猫高血压的主要方法。在人医的治疗上，建议在初期治疗时考虑RAS相对激活的情况。干扰RAS的药物是治疗高血压时高肾素合成的最有效方法（表1）。而对于高血压低肾素合成的情况，建议使用针对钠-血管容积调节机制的药物。此外，在使用联合用药来提高疗效时，联合使用干扰RAS和主要用于钠含量控制的药要比选择两种作用相似的药效果要好。举例来说，常用噻嗪类利尿药治疗人高血压，但这类药物会激活RAS，这会降低利尿药的疗效。因此，通常联合使用噻嗪类利尿药和ACE抑制剂来提高血压控制的效果。

表1 抗高血压药物分类：肾素依赖性高血压和血管容积依赖性高血压

肾素依赖性高血压	ACE抑制剂
	血管紧张素受体阻断剂
	肾素抑制剂
	中枢样作用的 α_2 受体激动剂
	β - 阻断剂
血管容积依赖性高血压	利尿剂
	钙离子通道阻断剂
	α_1 受体阻断剂

3.1 猫高血压的治疗

猫全身性高血压药物的选择要满足以下要求：能大幅度的持续降低血压，无任何副作用，以及不需要联合用药。而这与人医的治疗相反，尤其对于患肾脏疾病的高血压病人，治疗高血压使用两种或多种药物是可以的。

使用二代二氢吡啶类钙离子通道阻断剂氨氯地平可显著降低高血压猫的血压，通常可将血压降低30～60 mmHg。猫对这类药物的耐受性较高，尽管未检测过该药物在猫体内的半衰期，但药效维持时间大于24 h，适于每天一次，且一次用药量不精确（药片分成几份后）也不成问题。也有报道称经皮肤给予氨氯地平用于治疗猫的高血压，但这种给药方式的生物利用度仅有经口给药的30%，而皮下给药方式的之所以有效，很可能是因为猫在梳理毛时将药物摄入体内。氨氯地平经口给药的方式更为简单，皮下给药的必要性还有待商榷。

在一项试验模型为诱发型肾功能不全和高血压猫的试验中发现，地尔硫卓可降低血压，但药效持续时间少于24 h，这表明至少需要一天两次的给药量以维持其血压控制的疗效。地尔硫卓是苯并硫氮杂卓类的钙离子通道阻断剂，与二氢吡啶类药物如氨氯地平相比有更多心脏疗效。有报道称给自发性高血压的猫服用地尔硫卓，尽管该药有改善血压的作用，但氨氯地平的疗效更好。

另一种血管舒张药物肼酞嗪也可有效治疗猫肾性高血压。但这种药物常在紧急情况下使用，通过非肠道方式给药，药效在给药15 min内即可出现。常用于治疗肾移植后出现的急性高血压。但在大多数临床情况下，通常在口服氨氯地平后都有充足的时间让其发挥疗效。还考虑到肼酞嗪副作用较强（如发生低血压和心动过速等症状），治疗首选氨氯地平。

给患有肾脏疾病猫使用氨氯地平会因扩张了肾脏入球小动脉而造成不利影响。如果全身血压未能有效下降，会引起肾小球内压力的升高。出现这种不利影响就需要考虑使用针对肾脏出球小动脉的药物。基于此，ACE抑制剂和/或血管紧张素受体阻断剂（ARBs）在人CKD的治疗上是首选药物，尽管有证据表明这类特效药的优点并没有它们抗高血压的疗效重要。目前尚未证实ACE抑制剂是治疗猫自发性全身高血压的有效抗高血压药物，至少在单独用药的情况下。研究

猫经诱导发生肾功能不全的试验表明，ACE抑制剂仅有轻度降低全身血压的作用，但该疗效是很显著，因为在这些试验的样本设定中，有的猫没有高血压，有的仅有轻度高血压。同时，试验也未出现RAAS的激活。RAAS的激活通常用于指示ACE抑制剂效力的下降。另一项试验提出了另一种相关解释，给注入了血管紧张素 I 的实验猫使用保守剂量的依那普利（每天0.5 mg/kg）发现不能有效抑制升血压物质的影响。该结果表明在猫的体内存在另一种血管紧张素 I 到 II 的转化途径。尚未在猫的治疗中大范围使用ARBs。而洛沙坦在试验诱导肾性高血压猫的治疗中无效。

在确定氨氯地平的疗效前，有很多药用于猫全身性高血压的治疗。因此，一些有限的临床经验会使用β-阻断剂、利尿剂（卡托普利diuretics）和螺内酯，但现在这些药物都不推荐作为一线治疗药物。β-阻断剂不仅可通过降低心率，每搏输出量，还可以通过抑制肾素分泌来降低肾性高血压。但β-阻断剂用于猫高血压的治疗并不是很有效。利尿剂常用于人高血压，甚至是伴发肾脏疾病时的治疗。但不推荐用于CKD猫，因为利尿剂可引起血容量下降和低钾血症。考虑高血压肾病的猫会伴有轻度高醛固酮血症，螺内酯是一个不错的选择。但是，尽管是有醛固酮分泌瘤的猫，单独使用螺内酯控制高血压的效果甚微。当螺内酯用于心脏病治疗时，13只猫中有4只出现了皮肤过敏反应，因而限制该药物用于高血压的治疗。这类药物除了还可作用于血管平滑肌外，钙离子通道阻断剂可以直接抑制肾上腺醛固酮的分泌，这也可能是这类药物受欢迎的附加因素。

CKD猫抗高血压治疗的最终目标是最大程度的减少终末器官的损伤和最大程度的提高治疗后猫的生活质量。使用氨氯地平治疗可有效阻止高血压脑病的出现和视力损伤的发展，还可以稳定或逆转心脏肥大。尽管肾脏疾病是引起高血压猫死亡的最常见因素，

但使用特定治疗药物是否能缓解CKD的发展尚无定论。

一项实验使用136只患自发性CKD的猫，尽管所有患有高血压的猫都接受治疗，这有可能影响患畜预后，但单独的高血压与患畜的存活率无关。在一项早期的病例研究中，患猫的血压都未进行控制（该研究在氨氯地平出现之前），尽管这些猫出现视力损伤，但都存活了很长时间。在进一步的研究中，141只高血压猫（很多患有氮质血症）都给予氨氯地平治疗。在整个治疗期中使用复合方法测定血压以评估血压控制的程度和存活率的关系。结果显示血压和存活率无独立关联。但是血压最高的猫（治疗前和治疗后）发生严重蛋白尿的倾向性高，而蛋白尿与存活率相关。蛋白尿是否是引起死亡的原因仍待确定，蛋白尿也可能仅是肾脏疾病出现快速恶化的一种表现。

理论上，使用氨氯地平治疗猫高血压会引起或加剧蛋白尿的形成。与出球小动脉相比，氨氯地平会使得入球小动脉的扩张更大，因此就有可能引起肾小球毛细血管高血压。但是，使用氨氯地平治疗猫高血压则减少了蛋白尿的出现。对于这种变化可能的推测是，治疗后出现血压大幅度的下降。

现已证实，使用ACE抑制剂治疗血压正常的CKD猫可减少蛋白尿。正如所料，蛋白尿最为严重的猫在治疗后蛋白尿的减少也极为显著。遗憾的是，尽管ACE抑制剂可减少蛋白尿，但并不能提高存活率或是延缓正常血压CKD猫的疾病发展。但一项研究高血压CKD猫的实验却给出了可喜的结果，这可能是因为高血压猫与正常血压的猫相比，出现蛋白尿的倾向性更高。一项小型试验研究证实贝那普利和氨氯地平的联合用药用于猫的治疗有较好的疗效。但与单独使用氨氯地平治疗相比，UPC比没有显著差异。

3.2 犬高血压的治疗

现在仍没有犬高血压的最理想的治疗方案。尽管有已有报道对正常犬和试验诱导引发肾脏疾病犬进行抗高血压药物的研究，但是系统性研究自发性肾脏高血压用药的研究还很少。有的报道称犬的高血压难以控制。有一项研究使用14只肾性高血压患犬，使用不同抗高血压药物进行治疗，仅有1只犬的血压得到了控制（<160 mm Hg）。

通常认为ACE抑制剂是治疗犬高血压的一线药物。这并不是因为发现ACE抑制剂能特别有效的降低血压，而是因为该种药物的使用能对蛋白尿性肾病的治疗有指示作用。ACE抑制剂可以减少蛋白尿并改善肾小球性肾炎，遗传性肾病和CKD患犬的预后。一项研究显示，ACE抑制剂仅能轻微降低试验诱导肾脏疾病犬的血压。该研究还表明，使用依那普利可以降低实验犬的肾小球毛细血管血压及降低肾小球和肾小管损伤的组织学评分。

通常来说，除紧急情况外，犬高血压的治疗是有流程的：首先使用ACE抑制剂，如果效果不佳，再加上氨氯地平。氨氯地平作为首选的微动脉扩张剂，引起的心动过速反映最轻微。ACE抑制剂和氨氯地平的联合用药是合理的，因为前者可以抑制由氨氯地平引起的RAS激活。但是，联合用药改变血压的效果甚微（至少对于正常犬来说）。通常氨氯地平的使用剂量应逐步增加至推荐的最大剂量（表2），剂量的调整从每周一次过度为每2周一次。氨氯地平在犬体内的半衰期为30 h，因此不建议在更短的时期内调整用药剂量，也没必要一天多次改变用药剂量。少部分患犬长期使用氨氯地平后出现了齿龈增生。此外，犬对氨氯地平的耐受性较高。

除肼酞嗪在猫为皮下注射外，其余的所有药物均为口服。如果给出了相应药物的用药剂量，在开始治疗时使用最低剂量，之后再逐渐增加剂量至产生疗效。一旦到达最高剂量，需要加入另一种同类药物。

有很大一部分的高血压患犬难以治疗。在这种情况下，很难知道要使用何种治疗方法，也没有相关的基础研究来指导治疗。如

表2　犬猫高血压治疗推荐用药剂量

药物	作用机制	猫用剂量	犬用剂量
氨氯地平	钙离子通道阻断剂	0.625~1.25 mg/只 q 24h	0.1~0.4 mg/kg q 24h
地尔硫卓	钙离子通道阻断剂	10 mg/只 q 8h/（常规制剂）10 mg/kg q 12h（缓释剂）	0.5~2.0 mg/kg q 8h（常规制剂）
依那普利	ACE 抑制剂	0.25~0.5 mg/kg q 12~24h	0.5~1.0 mg/kg q 12~24h
贝那普利	ACE 抑制剂	0.5~1.0 mg/kg q 12~24h	0.25~0.5 mg/kg q 12~24h
雷米普利	ACE 抑制剂	0.125 mg/kg q 24h	0.125 mg/kg q 24h
阿替洛尔	β1-肾上腺素阻断剂	6.25~12.5 mg/只 q 12~24h	0.25~1.0 mg/kg q 12~24h
肼酞嗪	微动脉直接扩张剂	1.0~2.5 mg/只 皮下给药	0.5~3.0 mg/kg q 8~12h
酚苄明	α-肾上腺素阻断剂	不推荐	0.25~2.5 mg/kg q 12h
哌唑嗪	α-肾上腺素阻断剂	不推荐	0.5~2.0 mg/只 q 12h
螺内酯	醛固酮拮抗剂	1~2 mg/kg q 12h	1~2 mg/kg q 12h

果患畜有心搏过速，治疗就需要使用低剂量的阿替洛尔。此外，可使用其他血管扩张药（肼酞嗪或酚苄明）替代氨氯地平观察疗效是否更好。在这样的病例中，非肾脏终末器官的损伤，如心室肥大或是视网膜损伤等，会促进血压的下降。在一些没有出现终末器官损伤的病例中，笔者的观点是长期治疗的风险难以评估。但是高血压难以控制时则会加速患畜肾脏疾病的发展。

在犬肾衰剩余肾脏模型中，血压与蛋白尿和试验终末的肾脏形态损伤的严重性有关（肾小球系膜基质增厚，肾小管损伤和纤维化）。随着肾损伤的发展，GFR有增高的趋势。但是在血压最高的患犬上未发现GFR的升高。而自发性CKD患犬高血压的发展也与肾脏疾病的发展有关。在一项研究中使用了45只犬，高血压（>161 mm Hg）、中等血压（144~160 mm Hg）和低血压（<144 mm Hg）犬的平均存活时间分别为425，348和154

天。高血压组和低血压组结果差异显著。存活时间的差异与患犬肾脏疾病发展中的最高血压值有关。值得注意的是，血压最高的患犬其蛋白尿也最严重。另一项研究也报道了高血压和/或蛋白尿及存活时间短的相关性。因此，不管是犬还是猫，都很难判断血压和蛋白尿对存活时间的影响。有严重高血压的犬可能会患某种先天性发展更快速的肾脏疾病。人医上，肾脏疾病患者高血压控制的重要性取决于蛋白尿的严重程度。

4 总结

高血压是一种多因素引起的疾病。不接受治疗的高血压会造成犬和猫终末器官的损伤。高血压的早期诊断和治疗是预防终末器官损伤的关键。

审校：麻武仁　西北农林科技大学

（参考文献略，需者可函索）

尿路感染
治疗/比较治疗学
Urinary tract infections
treatment/comparative therapeutics

译者：栗柱
原文作者：Shelly J. Olin，Joseph W. Bartges
选自：北美兽医临床，2015（45）

关键词：兽医，犬，猫，膀胱炎，肾盂肾炎，前列腺炎，尿路感染

关键点：
- 确定复杂性感染还是非复杂性感染对于指导诊断和制订治疗方案至关重要。
- 复发性感染为复杂性感染，可分为复发性感染，难治性/持续性感染，再感染或重复感染。
- 抗菌药物是治疗细菌性尿路感染的基础，理想情况下，应根据尿液培养和药敏试验结果选择抗菌药物。
- 支持预防性治疗的文献有限，辨别和解决潜在病因至关重要。

1 前言

当机体防御机制受损且存在强毒型微生物黏附于部分尿道、繁殖并持续存在时，就会发生尿路感染（UTI）。机体防御机制包括正常排尿、解剖结构、黏膜屏障、尿液特性，以及全身性免疫力。最常见的尿路感染是由细菌引发的，但真菌和病毒也可引发尿路感染。尿路感染可能会涉及一个以上的解剖部位，且应归类为上尿路（肾脏和输尿管）和下尿路（膀胱、尿道和阴道）感染。大多数细菌性尿路感染是由病原体通过生殖道和尿道向膀胱、输尿管以及单侧或双侧肾脏向上移行造成的。直肠内、会阴部和生殖道细菌是感染的主要贮存部位。

1.1 细菌菌株

大约75%的感染中仅可分离到一种细菌性病原体，20%的尿路感染是有两种共感染病原体引发的，而大约5%的尿路感染是由3种病原体引发的。

在犬和猫引发尿路感染的最常见细菌类似（图1），其中大肠杆菌最为常见，其次为革兰氏阳性球菌，最后为各种其他细菌，包括变形杆菌、克雷伯氏菌、巴氏杆菌、假

译者简介
栗柱　511275352@qq.com。

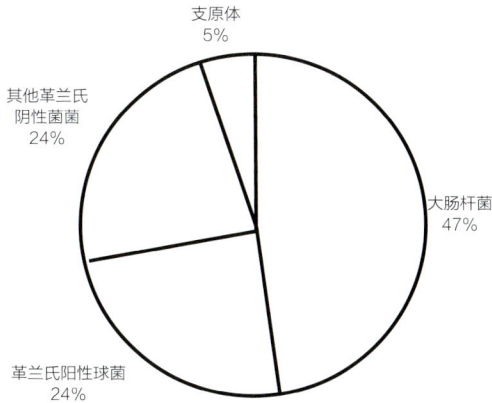

图1　常见泌尿系统病原体检出率：大肠杆菌为33%~50%，革兰氏阳性球菌（葡萄球菌属、链球菌属、肠球菌属）为25%~33%，其他革兰氏阴性菌（变形杆菌属、克雷伯氏菌属、假单胞菌属和棒状杆菌属），支原体低于5%（引自兽医内科杂志，2001（15）和犬猫传染病，2012]

单胞菌、棒状杆菌和一些其他罕见报道的菌属。研究人员还从不足5%的存在下尿路临床症状犬的尿液样品中分离到了支原体；支原体与猫尿路疾病是否有关尚存争议。

　　猫可感染葡萄球菌的独特菌株——猫葡萄球菌，商业表型识别系统可能无法区分猫葡萄球菌和其他凝固酶阴性葡萄球菌。一项研究根据16S rRNA测序（n=25/106，占培养细菌分离株的19.8%），发现猫葡萄球菌是第三常见的葡萄球菌分离株，这表明猫葡萄球菌是引发猫尿路感染最常见的葡萄球菌菌株。

　　1.1.1　肾盂肾炎　犬、猫肾盂肾炎或肾盂及肾实质感染最常由下尿路上行感染引发（图

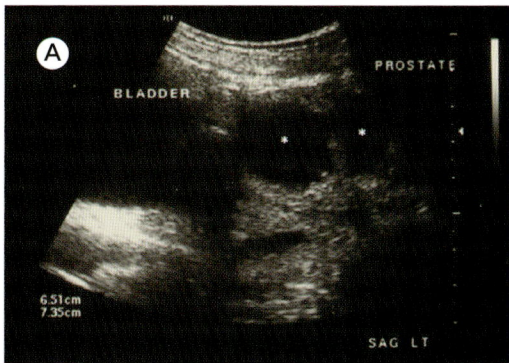

2）。除一般保护尿道的免疫力组成部分外，肾脏还可通过膀胱输尿管瓣膜、相对较长输尿管（通常仅允许尿液通过输尿管蠕动单向流动）和肾髓质缺氧环境来保护其免受细菌性感染。

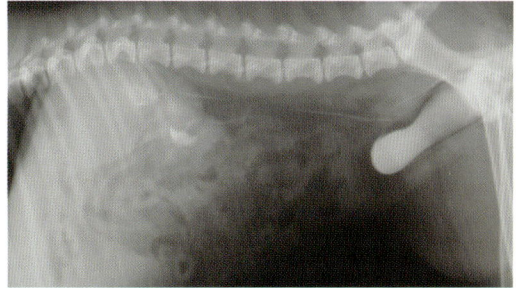

图2　一只4岁去势杂种母犬侧位腹部下行性尿路造影，可见因上行性大肠杆菌尿路感染导致的骨盆内膀胱异位和肾盂扩张（肾盂肾炎）

　　1.1.2　前列腺炎　前列腺对抗感染的固有防御机制包括：局部免疫因子（例如，免疫球蛋白A和抗菌蛋白）、前列腺和尿液逆向流动，以及尿道蠕动和尿道高压区。细菌性前列腺炎患犬的正常防御机制通常会受损，如潜在良性前列腺增生、前列腺囊肿或前列腺肿瘤。大多数前列腺炎通常由上行性细菌感染发展而来，除可导致前列腺实质感染外，还可导致前列腺囊肿（图3）。此外，还有可能源于血源性扩散和继发于膀胱炎。细菌性病原与引发细菌性膀胱炎的细菌类似，其中大肠杆菌最为常见（图1）。还应考虑犬布鲁氏菌，尤其是未去势公犬，因为这是引发急性和慢性前列腺炎的一个病因。

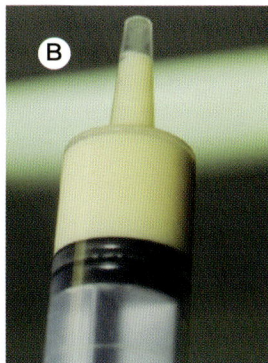

图3　一只6岁未去势雄性罗得西亚脊背犬的（A）前列腺和膀胱矢状面超声声像图[可见两处诊断为囊肿的囊性病变（*）]和（B）由大肠杆菌导致的脓性前列腺炎冲出液

1.1.3 导尿管相关尿路感染 正常机体防御机制在预防细菌性尿路感染中非常有效，但这种机制并非无懈可击。如果在诊断和治疗过程中，大量病毒性尿路病原侵入尿道，正常机体防御机制也会被攻破。导尿管相关细菌性尿路感染是留置导尿管的一种常见并发症，尤其是在使用开放式导尿管时。在一项临床研究中，留置有导尿管的犬、猫中有30%～52%存在感染，且随着导尿管留置时间的延长风险也在增大。如果患病动物之前存在尿路疾病，那么感染风险会进一步增大。在给予利尿剂或皮质类固醇治疗期间，使用导尿管格外危险。

1.2 真菌性尿路感染

真菌性尿路感染并不常见。和细菌性尿路感染一样，真菌性尿路感染也是因局部或全身性免疫力暂时或永久性受损而造成的。真菌尿病可能是由于下尿路原发性感染或全身性真菌感染动物向尿液中排放真菌成分造成的。原发性真菌尿路感染最常由念珠菌引发，这是一种生殖器黏膜、上呼吸道和胃肠道的共生菌。白色念珠菌是引发真菌性尿路感染最常见的真菌，其次是光滑念珠菌和热带念珠菌，其他普遍存在的真菌偶尔也可引发原发性真菌性尿路感染，包括曲霉菌属、牙生菌属（图4）和隐球菌属。

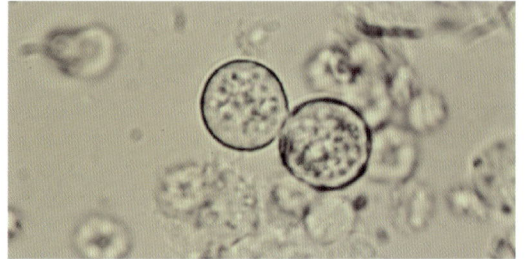

图4 对一只2岁去势德国杜宾犬尿沉渣镜检时观察到的芽生菌属微生物

1.3 病毒性尿路感染

病毒诱导的人类疾病日益为人们所认识，尤其是上呼吸道疾病，但要确定其因果关系仍然非常困难，因为即使检测不到复制的病毒仍然可以发生病毒诱导的疾病。多种病毒均与犬、猫疾病有关（表框1）。

表框1 与犬、猫尿路疾病有关的病毒

物种	上尿路疾病	下尿路疾病
犬	犬腺病毒1型 犬疱疹病毒	
猫	猫冠状病毒 猫免疫缺陷病毒 猫白血病病毒 猫泡沫（形成合胞体）病毒	猫杯状病毒 牛疱疹病毒4型 猫泡沫（形成合胞体）病毒

2 患病动物评估概述

2.1 临床症状

2.1.1 下尿路感染 细菌性、真菌性和病毒性 下尿路感染可能会表现症状也可能不表现症状，其临床症状无法与其他原因引起的下尿路疾病相区分。下尿路疾病的非特异性临床症状包括但不仅限于：尿频、排尿困难、痛性尿淋沥、血尿，以及排尿不当。

前列腺炎：急性前列腺炎通常伴有全身性疾病，包括发热、厌食、呕吐和嗜睡。急性前列腺炎患犬还会出现尾部异常疼痛、步态僵硬，以及出现包皮分泌物，且不愿配种。相反，慢性前列腺炎患犬通常无全身性疾病或发热。通常情况下，复发性尿路感染或包皮血性分泌物是慢性前列腺炎的唯一临床症状。其他临床表现还包括步态僵硬、勃起不适、不育或睾丸附睾炎，有时犬可能不表现症状。

2.1.2 上尿路感染

肾盂肾炎：肾盂肾炎可能会表现出急性或慢性症状。急性肾盂肾炎通常伴有严重全身性疾病症状（如尿毒症、发热、肾脏疼痛和/或败血症，还可能出现肾脏肥大）。相反，慢性肾盂肾炎的临床表现通常更为隐匿，包括可能与尿毒症无关的缓慢进行性氮质血症、进行性肾损伤，如果不加以治疗最终会导致肾衰竭。细菌性肾盂肾炎可能仅表现出血尿症状。

2.2 诊断

2.2.1 细菌性尿路感染

除临床症状外，全尿分析结果也可提供细菌性尿路感染的证据。通常会出现血尿、脓尿和菌尿，除非存在因潜在疾病或药物导致的免疫应答抑制（图5）。与经改良瑞氏染色法染色尿沉渣镜检相比，未经染色尿沉渣镜检的敏感性和特异性较差。

尿液培养阳性是诊断细菌性尿路感染的黄金标准。尿液定量培养包括微生物分离与鉴别，以及确定细菌数量（单位体积尿液形成的菌落数）。细菌定量能够阐释尿液样本中的细菌含量。在解读由中段尿或人工辅助排尿得出的尿液定量培养结果时应谨慎。确定

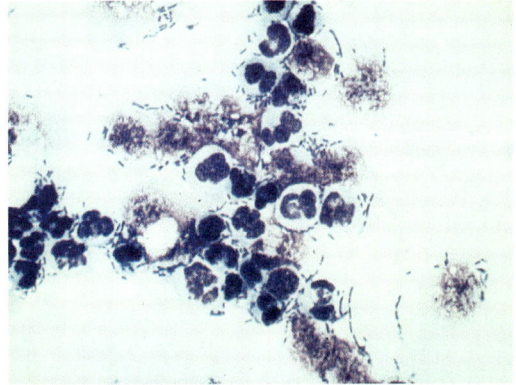

图5 一只大肠杆菌性膀胱炎患犬尿沉渣经改良瑞氏染色法染色后的镜检图片（放大倍数400倍），可见白细胞和细菌

尿路感染是非复杂性感染还复杂性感染对于指导诊断和制订治疗方案至关重要。其他尿路结构与功能正常的健康动物偶尔也会发生单纯非复杂性尿路感染。相反，如果存在以下情况，则为复杂性感染：①患及上尿路和/或前列腺；②改变尿路结构或功能的潜在合并症，如内分泌疾病或慢性肾病（CKD）；③复发性感染。复发性感染可进一步分类为复发性感染、难治性/持续性感染、再感染或重复感染（表1）。大多数细菌性尿路感染患猫均存在复杂性感染。复杂性感染通常需要其他实验室检查和影像学检查（表框2）。

表1 非复杂性和复杂性尿路感染

类型	定义	潜在原因
非复杂性尿路感染	健康个体，解剖结构及功能正常	散发性感染
复杂性尿路感染		
合并症	• 可改变尿路结构及功能的疾病 • 持续性感染、复发性感染或治疗失败诱发的相关并发症	• 内分泌疾病 • 糖尿病 • 肾上腺皮质功能亢进 • 甲状腺机能亢进 • 慢性肾病 • 尿道或生殖道解剖结构异常 • 免疫功能低下 • 神经原性膀胱 • 妊娠
复发性感染		

续表

类型	定义	潜在原因
复发性感染	• 成功治疗的感染在数周至数月内复发； • 在治疗期间膀胱无菌； • 同一微生物引发的感染。	• 未能根除病原； • 深层环境： • 肾盂肾炎 • 前列腺炎 • 膀胱黏膜下层 • 结石 • 肿瘤
难治性/持续性感染	• 虽然体外对抗菌药物敏感，但原病原持续培养阳性 • 治疗期间及治疗后，未消除菌尿	罕见 • 机体防御机制失效 • 结构性异常 • 患病动物/动物主人不配合 • 代谢异常/抗菌药物被排出
再感染	• 重新感染不同的微生物 • 自上次感染后间隔时间不定	• 全身性免疫功能低下 • 内分泌疾病 • 免疫抑制 • 尿抗菌作用缺失 • 糖尿病 • 稀释尿 • 解剖性异常 • 生理性易患病体质 • 神经原性膀胱 • 尿失禁
反复感染	• 在治疗原发感染期间，感染不同病原	• 膀胱插管 • 留置导尿管 • 肿瘤

（改编自犬猫尿路疾病治疗的抗菌药物使用指南：国际动物感染性疾病协会的抗菌指南工作组，兽医学杂志，2011；泌尿道感染耐药性研究，当代临床兽医治疗学，2009）

表框2　复杂性尿路感染的诊断检查

• 复杂性感染可能所需的进一步诊断检查：
• 尿液分析
• 尿液培养（理想情况下，应经膀胱穿刺采样）
• 全血细胞计数
• 电解质检测
• 直肠指检
• 猫白血病病毒/猫免疫缺陷病毒（猫）
• 甲状腺检查
　☆猫：总T4
• 肾上腺检查
　☆小剂量地塞米松抑制试验
　☆促肾上腺皮质激素刺激试验
• 腹部X线检查
• 腹部超声检查
• 对比X线检查
　☆下行性尿路造影术
　☆对比膀胱尿道造影术
　☆双重对比膀胱造影术
　☆对比阴道尿道造影术
• 前列腺清洗
• 膀胱镜检查＋膀胱壁上皮细胞培养

（改编自尿路感染的诊断，北美兽医临床，2004；犬猫尿路疾病治疗的抗菌药物使用指南：国际动物感染性疾病协会的抗菌指南工作组，兽医学杂志，2011）

2.2.1.1 肾盂肾炎 肾盂肾炎是复杂性尿路感染的一个例子，在诊断时通常要根据尿培养阳性、一致的肾脏影像学诊断异常结果（如肾盂扩张）和经抗菌治疗后氮质血症严重程度改善情况做出假定诊断。虽然培养阳性有助于诊断，但尿培养阴性并不能排除肾盂肾炎。

2.2.1.2 前列腺炎 所有疑似患有前列腺疾病的犬均应接受全面的身体检查，包括直肠检查以及包括全血细胞计数、电解质检查、尿检和尿培养在内的小型数据库。腹部X线和超声检查结果对于确定前列腺大小、性状、位置、结构以及有无存在任何囊肿或脓肿非常有用（图3A）。此外，还应对前列腺液进行细胞学和细菌培养及敏感性评估（图3B）。我们将在别处讨论前列腺液的采样方法，但我们要阐述第三部分的精液评估、前列腺清洗、细针抽吸，以及前列腺活检。

2.2.1.3 导尿管相关尿路感染 尚无证据支持在移除无症状患病动物的导尿管后进行尿液培养或导尿管尖端培养；这种培养无法预测导尿管相关尿路感染的进展情况。相反，尿液培养一直适用于表现出尿路感染临床症状、存在不明原因的发热或尿液细胞学检查结果异常（如血尿、脓尿）的患病动物。如果在插入留置导尿管后，患病动物表现出了新的临床症状或发热，那么最好移除导尿管并在膀胱充盈时进行膀胱穿刺检查以获取培养用尿样。作为替代方法，还可更换原导尿管，并用第二根导尿管采集尿样。通过原导尿管采集尿样不太理想，不能使用从集尿袋得来的尿样。

2.2.1.4 无症状性菌尿 无症状性菌尿（AB）常见于健康女性且通常为良性。其风险因素包括：妊娠、糖尿病、脊髓损伤、留置导尿管，以及疗养院老年患者。无症状菌尿女性患者的症状发作频率较高，但抗菌治疗并不会降低发作次数。在人临床试验中尚未发现抗菌治疗的益处，而潜在并发症包括药物不良反应和出现耐药性。

健康犬、猫的无症状性菌尿发生率较低（2%~9%）。患有潜在并发症（如甲状腺机能亢进、糖尿病或慢性肾病）或复发性感染动物的无症状性菌尿发生率会有所升高，最高分别可达30%和50%。目前尚无比较使用或不使用抗菌药物治疗患有无症状性菌尿动物临床结果的前瞻性研究。在近期开展的一项针对无症状性菌尿患犬的前瞻性研究中，在为期3个月的试验期内，有50%的患犬呈一过性定殖，50%的患犬表现出持续性菌尿；无犬在任何时候表现出临床症状。和对人的一般建议类似，不建议针对无症状性菌尿进行治疗，除非存在较高的上行性或全身性感染（如免疫功能低下的患病动物，慢性肾病）风险。

2.2.2 真菌性尿路感染 常通过鉴别常规或浓缩尿沉渣中的真菌成分来对真菌性尿路感染进行诊断。治疗前真菌培养和药敏试验结果较为理想，尤其是在除白色念珠菌（趋向于更具耐药性）外的其他病例中。

2.2.3 病毒性尿路感染 常规诊断检查（包括尿液分析和光学显微镜检查）无法鉴别病毒或病毒诱导的疾病。病毒分离是诊断的黄金标准，但该技术成本较高且较为费时，还要求存在活的增殖病毒。诊断性聚合酶链式反应分析速度快且敏感性较高，但优化核酸制备的方法至关重要，因为核酸在尿液中很容易发生降解。

3 药物治疗的选择

3.1 抗菌药物

抗菌药物是治疗尿路感染的基础。在大多数病例中，应根据尿路病原体的药敏试验来选择抗菌药物。过量或误用抗菌药物均可导致耐药菌的出现，这是一种对成功治疗患病动物感染以及兽医与人类健康具有重要影响的情况。

对于患有非复杂性尿路感染以及表现出严重症状需要治疗的动物，可在尿液培养和药敏试验结果出来之前给予一种具有极佳尿渗透性的广谱抗菌药物。推荐治疗非复杂性尿路感染的"一线"抗菌药物包括：阿莫西林、头孢氨苄或复方磺胺甲基异恶唑（表2）。增强型β内酰胺类药物（如阿莫西林-克拉维酸）、氟喹诺酮类药物或缓释型头孢氨苄（如头孢维星）并不适用于大多数非复杂性尿路感染，应用于复杂性或耐药性感染（表3）。

表2 治疗犬、猫尿路感染用一线抗菌药物总结毒

感染	选用的一线药物
非复杂性尿路感染	阿莫西林，复方磺胺甲基异恶唑
复杂性尿路感染	根据培养和药敏试验结果选择药物，但最初可考虑阿莫西林或复方磺胺甲基异恶唑
亚临床性菌尿	不推荐采用抗菌药物进行治疗，除非较高的上行性感染风险。如果存在这种情况按复杂性尿路感染进行治疗
肾盂肾炎	首先用氟喹诺酮类药物进行治疗，然后根据培养和药敏试验结果重新评估
前列腺炎	复方磺胺甲基异恶唑，恩氟沙星，氯霉素

（改编自犬猫尿路疾病治疗的抗菌药物使用指南：国际动物感染性疾病协会的抗菌指南工作组，兽医学杂志，2011）

3.1.1 联合疗法 如果分离到了多种细菌，那么必须根据定量检测结果和推断的致病性对每种细菌的相对重要性进行评估。理想情况下，应选择对所有病原菌均有抗菌作用的药物。如果不可能，可考虑选用多抗菌药物进行联合治疗。如果无证据表明发生肾盂肾炎或上行性感染的风险增大，那么针对最具临床意义的病原进行抗菌治疗较为合理。例如，据传在治疗并发感染后，肠球菌感染治疗方案通常会变得可行。

3.1.2 氟喹诺酮类药物最新动态 不鼓励使用氟喹诺酮类药物对细菌性尿路感染进行经验性治疗，因为许多革兰氏阳性菌对这类药物均具有与生俱来的耐药性，而且许多革兰氏阴性菌也会对这类药物出现耐药性，包括大肠杆菌。已有研究发现，在不同代的氟喹诺酮类药物之间存在不同程度的交叉耐药性，普多沙星（Veraflox）除外，而且一旦对氟喹诺酮类药物出现耐药性，下一代的药物可能就不会起作用了。在体外，普多沙星（一种第三代氟喹诺酮类药物）因其药性和功效在其他氟喹诺酮类药物中脱颖而出；恩氟沙星是除环丙沙星外药效最差的药物。普多沙星分子的变化会增强其杀菌活性，并可降低产生耐药性的倾向。上述特点使得普多沙星成为治疗对氟喹诺酮类药物敏感分离株或对氟喹诺酮敏感性较差病原的一个颇具吸引力的选择。目前，在美国仅批准普多沙星用于猫皮肤感染，而在欧洲的许可包括犬、猫的多种适应证。在一项前瞻性临床试验（$n=78$）中，研究人员发现普多沙星对治疗猫细菌性尿路感染有效，且耐受良好。在试验性研究中，给予猫6~8倍推荐剂量的普多沙星并不会产生视网膜毒性。

3.1.3 短期抗菌药治疗 在人医，短期抗菌药（常用复方磺胺甲基异噁唑或氟喹诺酮）治疗已成为女性患者急性非复杂性细菌性膀胱炎的标准治疗方法。建议是要求具备抗菌药特异性，因为仅给药3天时并非所有的抗菌药都能产生相当的药效。短期治疗的益处包括：依从性更佳，成本较低，还可减少不良反应。治疗的目的在于充分降低机体内细菌载量以便能够控制临床症状，从而使得免疫系统能够消除剩余的病原微生物。

最近进行的两项前瞻性随机研究对非复杂性尿路感染患犬的短期治疗进行了评估。第一项研究对3天高剂量恩氟沙星（$n=35$，20 mg/kg，口服，每24h 1次）和标准剂量阿莫西林-克拉维酸（$n=33$，13.75~20 mg/kg，口服，每12h 1次）的疗效进行了比较。在停用

表3 治疗犬、猫尿路感染抗菌药物的选择

药物	剂量	备注
阿莫西林	11～15 mg/kg，每8h1次，口服	尿路感染一线用药的优良之选。如果肾脏功能正常，主要经尿以活性形式排出。对产β内酰胺酶细菌无效
阿米卡星	犬：15～30 mg/kg，静脉注射/肌内注射/皮下注射；猫：10～14 mg/kg，静脉注射/肌内注射/皮下注射	不推荐常规使用，但对于多重耐药微生物可能有用。具有潜在肾毒性，应避免用于肾功能不全的动物
阿莫西林/克拉维酸	12.5～25 mg/kg，每8h1次，口服（按阿莫西林+克拉维酸联用计算剂量）	尚未确定是否比单独使用阿莫西林具有优势
安比西林		不推荐使用，因为口服生物利用度较差，阿莫西林为首选
头孢氨苄，头孢羟氨苄	12～25 mg/kg，每12h1次，口服	肠球菌对该药员有耐受性。在某些地区，肠杆菌对该药的耐受性可能常见
头孢维星	8 mg/kg，一次性皮下注射，7～14天可重复用药1次	仅能在口服给药存在问题的情况下使用。已有药代动力学数据支持用于犬、猫，经尿排出持续时间较长使得难以解读治疗后尿液培养结果（给药期分别为14天（犬）和21天（猫））
头孢泊肟	5～10 mg/kg，每24h1次，口服	肠球菌对该药员有耐受性
头孢噻呋	2 mg/kg，每12～24h1次，皮下注射	已批准用于治疗犬的尿路感染。肠球菌对该药员有耐受性
氯霉素	犬：40～50 mg/kg，每8h1次，口服；猫：12.5～20 mg/kg，每12h1次，口服	在某些地区，保留用于逆转药物较少的多重耐药菌感染。可能会出现骨髓抑制，尤其是在长期用药的情况下。由于可引发罕见异质性再生障碍性贫血，应避免人类接触
环丙沙星	30 mg/kg，每24h1次，口服	由于成本低于恩氟沙星，所有有时选用该药。口服生物利用率低于恩诺沙星、马波沙星、奥比沙星，且变数很大。难以证明该药疗效超过已通过批准标准的氟喹诺酮类药物。推荐剂量为经验性建议
强力霉素	3～5 mg/kg，每12h1次，口服	经肠道高度代谢并排出，因此尿中含量可能较低，不推荐常规使用
恩氟沙星	犬：10～20 mg/kg，每24h1次，口服；猫：5 mg/kg，每24h1次，口服	主要经尿以活性形式排出。保留用于文献报道的耐药性尿路感染，但是肾盂肾炎的优良一线药物（犬，20 mg/kg，口服，每24h1次）。对肠球菌疗效有限。存在导致猫视网膜发生病变的风险，在猫每天用药量不要超过5 mg/kg

续表

药物	剂量	备注
亚胺培南-西司他丁	5 mg/kg，每6~8h1次，静脉注射/肌内注射	保留用于多重耐药菌感染，尤其是由肠杆菌或绿脓杆菌引发的感染。建议使用前咨询泌尿道传染病兽医专家或兽医药理学家
马波沙星	2.7~5.5 mg/kg，每24h1次，口服	主要经尿以活性形式排出。保留用于文献所报道的耐药性尿路感染，但是治疗肾盂肾炎的优良一线药物。对肠球菌疗效有限
美罗培南	8.5 mg/kg，每12h1次，皮下注射或没8小时1次，静脉注射	保留用于多重耐药菌感染，尤其是由肠杆菌或绿脓杆菌引发的感染。建议使用前咨询泌尿道传染病兽医专家或兽医药理学家
呋喃妥因	4.4~5 mg/kg，每8h1次，口服	单纯性非复杂性尿路感染的优良一线用药，尤其是当涉及多重耐药病原时
奥比沙星	片剂：2.5~7.5 mg/kg，每24h1次，口服；口服混悬液：7.5 mg/kg，每24h1次，口服（猫）或2.5~7.5 mg/kg，每24h1次，口服（犬）	主要经尿以活性形式排出
普多沙星	犬：3 mg/kg，每24h1次，口服a；猫：5 mg/kg，每24h1次，口服a	可引发骨髓抑制，从而导致犬出现严重的血小板减少症和中性粒细胞减少症
甲氧苄啶-磺胺嘧啶	15 mg/kg，每12h1次，口服	优良的一线药物之选。预计治疗时间较长（>7天），建议进行基础目液分泌量检测（犬）。应避免用于对潜在不良反应[如干性角膜结膜炎（KCS）、肝脏疾病、过敏症和皮疹]敏感的犬

注：按阿莫西林+克拉维酸总浓度计算剂量

a 根据之前的研究推断得出的剂量。

（改编自犬猫尿路疾病治疗的抗菌药使用指南：国际动物感染性疾病协会的抗菌指南工作组，兽医学杂志，2011）

抗菌药物7天后对临床及微生物治愈率进行了评估，结果表明短期、高剂量治疗效果不亚于标准治疗效果。第二项研究为双盲研究，对3天复方磺胺甲基异噁唑（$n=20$，15 mg/kg，口服，每12h 1次）+7天安慰剂和10天头孢氨苄（$n=18$，20 mg/kg，口服，每12小时1次）的疗效进行了比较。结果表明，不同处理组之间的短期（治疗后4天）和长期（治疗后30天）的临床及微生物治愈率无显著差异。30天的临床治愈率为50%～65%，微生物治愈率为20%～44%。还需要做进一步的研究来确定非复杂性细菌性尿路感染的最佳治疗持续时间。

3.1.4　肾盂肾炎　在等待培养及药敏试验结果时，应着手进行抗菌药物治疗。经验性抗菌药物应具备抗革兰氏阴性菌和最常见病原的作用；氟喹诺酮类药物是很好的首选药物（见表2）。急性肾盂肾炎需要住院进行非口服抗菌药物治疗和静脉输液。应持续进行非口服抗菌药物治疗直至患病动物可以正常进食和饮水，且经强化治疗氮质血症状况不在有所改善；之后该感染应按复杂性尿路感染进行治疗，给予最短为期6～8周的抗生素，并定期监测治疗期间和治疗后的感染复发情况。慢性肾盂肾炎也应按复杂性尿路感染进行治疗，但在最初诊断时，通常不需要患病动物住院治疗。

3.1.5　前列腺炎　患有急性前列腺炎动物的血前列腺屏障会受损，因此应根据培养和药敏试验结果选择适当的抗菌药物。按复杂性尿路感染至少治疗4周。如果是慢性前列腺炎，则选择抗生素时应更为谨慎，因为血前列腺屏障通常会保持完整（表2）。非电离

的基本脂溶性抗菌药物对前列腺组织具有最佳的穿透性。诸如复方磺胺甲基异噁唑、氯霉素和恩氟沙星（但不包括环丙沙星）之类的药物是非常好的选择。低脂质溶解度且穿透前列腺屏障能力较差药物包括：青霉素和头孢氨苄。应给予至少为期6～8周的抗菌药物。在停止给予抗菌药物前后均应进行前列腺液培养。

推荐将去势作为对医疗管理的辅助治疗，以有助于降低前列腺大小，加速康复和减少复发。对于高价值种用动物或主人拒绝手术的动物，可以考虑非那雄胺，这是一种5α-还原酶抑制剂。

3.1.6　导尿管相关尿路感染　虽然在插入留置导尿管时，为减少医源性感染，给予抗菌药物似乎符合逻辑，但在实际操作中，非常不鼓励这样做。在插入留置导尿管时，同时口服或注射给予抗菌药物并不会起到预防细菌性尿路感染的作用，反而会促进多重耐药菌引发的感染。

3.2　抗真菌药

推荐将氟康唑作为大多数患病动物最初的治疗用药，因为该药安全范围较大，大多数念珠菌属菌株对其敏感，且可以高浓度活性药物形式排入尿（表4）。念珠菌属（除白色念珠菌外）更有可能对氟康唑产生耐药性，建议对氟康唑进行药敏试验以确定高剂量氟康唑是否适用或是否应改用另一种药物。虽然两性霉素B是经肾排泄，且在尿中可达到较高浓度，但通常不使用该药，因为该药应胃肠外给药，且存在肾毒性。其他常用抗真菌药物（包括伊曲康唑和酮康唑）不是经肾以活性形式排泄。

表4　真菌性膀胱炎的治疗

对于所有病例	找出并纠正潜在的诱发因素	•局部或全身性免疫受损
如果为白色念珠菌	氟康唑，5～10 mg/kg，口服，每12小时1次，连用4～6周	•每隔2～3周进行一次尿沉渣检查和尿液培养以确定解决方案 •停止治疗1和2个月后进行尿沉渣检查和尿液培养

续表

对于所有病例	找出并纠正潜在的诱发因素	● 局部或全身性免疫受损
如果不是白色念珠菌	根据培养和药敏试验结果治疗	● 按上文进行监测 ● 在选择治疗方法时，考虑药物进入尿液
如果初始治疗失败	重复进行培养和药敏试验	考虑疗法： ● 囊内注射 1% 克霉唑或两性霉素 B ● 静脉或皮下注射两性霉素 B ● 连用氟康唑（最高剂量）＋ 特比萘芬 ● 良性忽略，定期监测疾病进展情况

由于全身性感染动物会有微生物扩散入尿，会导致继发性真菌性尿路感染。与经尿扩散有关的最常见微生物包括：犬的曲霉菌（尤其是德国牧羊犬）和猫的隐球菌。应给予通常推荐用于全身性感染的抗真菌药物来治疗这些患病动物。

3.3 抗病毒药物

尚未有研究人员对抗病毒药物对患有病毒诱导尿路疾病动物的疗效进行评估，这些患病动物的治疗仅限于支持护理。

4 非药物治疗选择

细菌性干扰

细菌性干扰是指使用低毒力非致病性细菌来与之竞争并降低更多致病微生物定殖与感染的风险。常用细菌包括大肠杆菌（83972株和HU2117株）和乳酸杆菌。细菌性干扰的作用机制包括：竞争营养素与结合位点，生成抗菌素（抗菌蛋白），防止产生菌膜，以及机体免疫调节。

这种治疗方法尚处于刚刚起步阶段，即使在人医也是如此，但初步研究前景广阔，尤其是对于存在脊髓损伤和神经原性膀胱的患者。已有研究人员阐述了用大肠杆菌83972株定殖犬尿道的试验规程。另一个未来有潜力的用途就是预防导尿管相关尿路感染。

前列腺炎：阴道菌群[尤其是产乳酸菌（LAB）]的变化可在发生尿路感染中起到重要作用。例如，复发性尿路感染女性患者阴道内乳酸杆菌通常会完全耗竭，而阴道内乳酸杆菌定殖量增加与复发性尿路感染数量减少

有关。在人类，乳酸杆菌是最常见的产乳酸菌，而犬肠球菌是犬最常见的产乳酸菌。产乳酸菌可创造能够抑制尿路病原体定殖的酸性环境，调节机体免疫功能，还可抑制致病菌毒力因子的表达。

益生菌是细菌干扰的一种形式，建议将其作为女性患者的一种治疗与预防措施。益生菌可恢复乳酸杆菌占优势的阴道菌群，并能置换阴道中潜在的尿路病原体。在犬进行的两项研究对给予益生菌前后的阴道菌群进行了评估，结果并未发现显著差异。但需要进行更具前瞻性的研究来评估益生素在减少动物下尿路疾病中的作用。市售益生菌在菌种、功效（菌落数量）和活力方面差异很大。另外，胃肠微生物对整个机体具有免疫调节作用，而且尚无研究对胃肠益生菌对局部尿路免疫功能的影响进行评估。

5 疗效评估与长期建议

5.1 治疗持续时间与监测

5.1.1 非复杂性细菌性尿路感染　人们就治疗的最佳持续时间尚未达成一致（表5）。选用适当的抗菌药物按标准7～14天的疗程，通常可以成功治愈非复杂性尿路感染。有证据表明较短治疗时间（如3天）疗效并不亚于标准治疗时间，但在该领域仍需做更多的研究。如果抗菌药物选择正确，且给药剂量和频率得当，那么临床症状和全尿分析结果会在48h内有所改善。如果可能，应在停用抗菌药物5～10天后进行一次尿液培养。猫的非复杂性尿路感染较为罕见，

因为猫对细菌性尿路感染具有与生俱来的抗　　　性，且通常存在一种诱因。

表5　治疗持续时间与监测

类型	治疗持续时间	尿液培养监测
非复杂性细菌性尿路感染	7～14天	停止给予抗菌药后5～7天
复杂性细菌性尿路感染	最低3～6周	尿液培养监测 停止给予抗菌药后5～7天
无症状性菌尿	不建议治疗，除非存在较高的上行性或全身性感染风险	
真菌性尿路感染	最少6～8周	同上文复杂性细菌性尿路感染

5.1.2　复杂性细菌性尿路感染　我们对该类型尿路感染的最佳治疗持续时间尚不得知，通常至少给予3～6周的抗菌药物。应在治疗后的第1周、停止治疗前以及停止治疗后5～7天即1个月后进行尿液培养，以评估对治疗的反应。

5.1.3　导尿管相关尿路感染　如果没有临床或细胞学感染证据，则没有必要对留置导尿管导致的菌尿进行治疗（图6）。对于患有导尿管相关尿路感染的动物，如果可以移除导尿管，则治疗更有可能成功。如果误复发感染病史且无相关并发症，则可按非复杂性尿路感染进行治疗。否则，该感染应按复杂性尿路感染进行治疗，根据培养和药敏试验结果给予4～6周的适当抗生素。

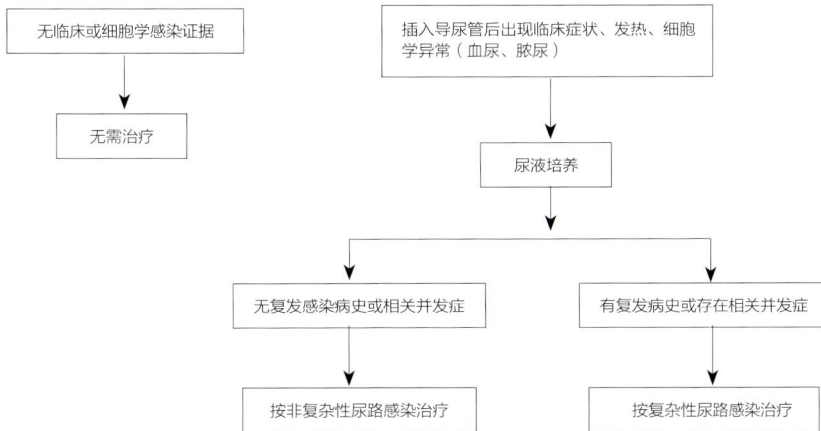

图6　导尿管相关尿路感染治疗规程（改编自犬猫尿路疾病治疗的抗菌药物使用指南：国际动物感染性疾病协会的抗菌指南工作组，兽医学杂志，2011）

5.1.4　真菌性尿路感染　原发性真菌性尿路感染总是应按复杂性感染进行治疗，至少给予为期6～8周的抗真菌治疗，并在治疗期间和停止治疗后定期监测。

5.2 预防

5.2.1　导尿管相关尿路感染　有多种措施可以降低导尿管相关尿路感染的风险（表框3）。

复发性感染的预防性抗菌治疗：尚无评估间歇性或慢性低剂量预防性抗菌治疗频繁再感染动物的优秀研究，但据传对某些动物可能会有效（表框3）。需要认真选择患病

表框3　导尿管相关尿路感染的预防措施

- 避免随意使用导尿管，认真评估插入及留置导尿管的必要性
- 总是保持手部卫生
- 给留置导尿管配备密闭集尿系统
- 无菌插入导尿管
- 最大限度缩短插管时间
- 避免滥用抗菌药物
- 尽量避免在免疫力低下患病动物使用留置导尿管
- 在接受利尿治疗动物使用留置导尿管时要谨慎

（改编自导尿管引发尿路感染预防新方法，自然泌尿系统评论，2012）

动物，并考虑造成抗菌药物耐药性带来的影响。在进行预防性治疗之前，应进行尿液培养和药敏试验以确保已经根治细菌性尿路感染。对于长期预防，应选择高浓度经尿排出且不太可能引发不良反应的药物。通常选择一种氟喹诺酮类药物、头孢菌素或一种β-内酰胺类抗菌药物。应在患病动物排尿后立即给予大约该抗菌药物日治疗剂量1/3的药量，此时该药物及其代谢物会在尿道内停留6~8h（通常在夜间）。应最少给药6个月。每4~8周采集一次尿样进行尿液分析和定量培养，该尿样最好经膀胱穿刺采集（不要经导尿管采集，因为这会诱发细菌性尿路感染）。如果尿液无感染，那么应继续预防性治疗。如果检测出细菌性尿路感染，在继续采取预防性措施之前应按复杂性细菌性尿路感染对该活动性（突破性）感染进行治疗。如果在采取预防性抗菌治疗6个月后未发生突破性细菌性尿路感染，那么可以中断治疗，但应对患病动物进行监测有无再感染。

5.2.2 辅助疗法

5.2.2.1 D-甘露糖　D-甘露糖可用于预防复发性尿路感染，但尚无关于患病动物临床疗效的研究。D-甘露糖的糖可竞争性结合某些大肠杆菌菌株上的甘露糖菌毛，从而抑制大肠杆菌黏附于尿路上皮。几乎没有其他可表达甘露糖菌毛细菌的可用数据。犬的推测剂量为每20lb（1lb≈0.45kg，译者注）体重给予1/4茶匙（1茶匙=5mL，译者注），每天3次。

5.2.2.2 乌洛托品　乌洛托品盐是一种可在酸性环境（尿液pH<5.5）内转化为具有抑

菌作用甲醛的尿路杀菌剂。虽然有证据表明乌洛托品能起到短期预防作用，但在人医关于乌洛托品能否预防尿路感染尚存争议。尚不得知文献中描述的这两种盐——马尿酸盐和扁桃酸盐，是否具有相同效果；很难发现扁桃酸盐。尽管在在理论上有益，但关于乌洛托品在小动物使用的兽医文献有限，缺乏关于该药安全性、功效和合适剂量方面的研究。常用推荐剂量为：犬，10~20 mg/kg，口服，每12h 1次；猫，250 mg/只，口服，每12h 1次。胃肠不适和排尿困难为所报道的最常见不良反应；患猫对乌洛托品的耐受性较差。乌洛托品不得用于肾衰病例。联用尿酸化剂（如DL-蛋氨酸）通常可获得最佳的效果。

5.2.2.3 蔓越橘　原花青素——蔓越橘中的活性成分——可改变菌毛的基因型或表型的表达，这之后会抑制大肠杆菌黏附于人的膀胱和阴道上皮细胞。在人类的研究表明预防尿路感染的功效并不一致。但在meta分析（$n=1049$）中，在为期12个月是试验期内，与安慰剂相比，补充蔓越橘产品人员的尿路感染发病率较低。

关于蔓越橘在健康犬应用的兽医研究很少，且尚无关于猫的研究。此外，非处方蔓越橘产品的质量和功效存在一定差异；在理想情况下，每种配方均应在目标物种进行检验。国际伴侣动物传染病学会抗菌药物指导工作小组所达成的共识为：尚无充分证据表明使用蔓越橘提取物能够预防犬、猫的再感染性尿路感染。

5.2.2.4 局部疗法　局部注射抗菌药物、

杀菌剂和二甲亚砜会产生刺激性，且这些药物不会停留在膀胱内。据报道，经膀胱插管滴注稀释的氯己定（1：100，0.02%）和/或乙二胺四乙酸（EDTA）-氨丁三醇（EDTA-Tris）可降低细菌性尿路感染的发病率（Bartges JW，田纳西州诺克斯维尔市，2014）。在一项小型人类研究中，用稀释的0.02%氯己定冲洗膀胱虽然无法根治之前已存在的感染且似乎不会损伤膀胱黏膜，但可显著减少术后菌尿。有研究人员认为EDTA-Tris与全身性抗菌药以及氯己定灌洗具有协同作用，其提出的作用机制为二价离子结合从而导致细菌DNA合成、细胞壁通透性及核糖体稳定性发生改变。此外，体外研究表明，存在EDTA-Tris可降低不同抗菌药物的最低抑菌浓度。在一项小型研究中（有17只犬，其中4只患有慢性膀胱炎），连续7天每天经无菌导尿管局部注射25mLEDTA（37℃），具有很好的耐受性，而且直至治疗180天后犬尿液培养一直呈阴性。还需做进一步的研究来确定EDTA-Tris疗法的短期及长期功效。

6 治疗中的耐药性/并发症

6.1 治疗中的耐药性

6.1.1 细菌耐药性 多重耐药菌的出现日益令人关注，且对患病动物和公共健康具有重要影响。目前在粪便和环境贮存器中存在耐药性增强的趋势。除经质粒获得耐药性基因外，细菌还具备在尿道内持久存在的其他途径。例如，可致尿路发病的大肠杆菌可侵入并在浅表性膀胱壁上皮细胞内持久存在。这些细菌会休眠一段时间，然后再次引发感染。

菌膜：某些细菌具有形成菌膜的能力，这会促进其在机体内的定殖。菌膜由通过自身产生的多糖基质黏附在一起的微生物组成。研究表明菌膜内的细菌会被固定，可免受免疫系统攻击，具有抗药性，因此对清除剪切力具有抵抗力。在人类，具备形成生物能力的细菌与无症状性菌尿有关。在导尿管相关尿路感染中也会形成菌膜。

预防形成导尿管相关菌膜的措施包括使用：①不易形成菌膜的材料；②可减少菌膜形成的涂层或表层修饰物。例如，硅树脂导尿管优于乳胶导尿管，因为扫描电镜照片显示乳胶表面较为不规则，会促进微生物的黏附。具有抗菌作用的氯己定是用于导尿管涂层的一个例子。在一项评估留置导尿管菌膜形成的兽医前瞻性研究（n=26只犬）中，涂有氯己定的导尿管持续释放"防护漆"可显著减少菌膜的形成。还有大量其他种类的涂层和修饰物可以减少细菌黏附和菌膜的形成，这些涂层和修饰物已在研究环境下进行了初步研究，包括银镀层、纳米颗粒、离子电渗疗法、抗菌药物、脲酶和其他酶抑制剂、脂质体，以及噬菌体。其他新技术包括群体感应抑制剂和声振刺激（表框4）。比较上述技术的详细讨论超出了本文的范围，读者可以参考其他文献。

某些口服抗菌药物，尤其是在与克拉霉素连用的情况下，在体外抗菌膜活性方面已经展现出了一定的前景。例如，绿脓杆菌菌膜可通过协同联用克拉霉素和环丙沙星来清除。同样，联用克拉霉素和磷霉素要比单独使用其中任一药物更有效地减少伪中间葡萄球菌菌膜。需要进行体外研究来进一步评估上述疗法的功效。

表框4 预防菌膜形成的措施

措施	定义	作用机制
银镀层		通过抑制酶途径和破坏细胞壁来发挥银的抗菌活性
纳米颗粒	可黏附于并穿透细胞壁的纳米级颗粒	通过脂质过氧化作用及与DNA相互作用破坏细胞膜

续表

措施	定义	作用机制
离子电渗疗法	低强度直流电场的应用	生物电作用——增强对菌膜内细菌的抗菌功效
脲酶及其他酶抑制剂	例如，乙酰氧肟酸，fluorofamide，N-乙酰基 -D- 氨基葡萄糖 -1- 磷酸乙酰转移酶抑制剂	在体外可减少结垢，并改变菌膜完整性
脂质体	作为疏水性和亲水性药物的载体	延长药物半衰期，减少不良反应，保护药物免受环境影响
噬菌体	可选择性感染细菌的病毒	噬菌体可在细菌内迅速分裂并溶解细菌
群体感应抑制剂	群体感应是指一套控制菌群密度和基因表达的分子信号传达系统，为细菌形成菌膜表型所必需	例如，红藻可产生一种能够抑制自诱导物信号传达的分子
声振刺激	沿导尿管表面形成振动涂层的低频声波	抑制细菌黏附和群体感应电梯度

（改编自导尿管引发尿路感染预防新方法，自然泌尿系统评论，2012）

6.1.2 真菌耐药性 对氟康唑治疗完全没有反应的感染应重新进行尿液培养和抗真菌药敏试验（表4）。某些敏感菌株可能对囊内给予1%克霉唑或两性霉素B有反应。还曾有研究人员提议碱化尿液来作为治疗患有真菌性尿路感染患病动物辅助疗法，因为提高尿液pH可抑制真菌的生长。但目前在人医这种治疗真菌性尿路感染的方法并不受青睐，在兽医的功效也值得怀疑。

6.2 并发症

6.2.1 磷酸铵镁（鸟粪石）尿石症 葡萄球菌属和变形杆菌属以及较少的棒状杆菌属、克雷伯氏菌属和脲原体属微生物均可产生脲酶（表框5）。这种酶可将尿素水解为氨，这可缓冲尿中的氢离子，从而形成铵离子，提高尿液pH，并增加溶解的磷酸根离子。在存在镁的情况下，在病灶周围会沉积磷酸铵镁（鸟粪石）从而形成尿石（图7）。细菌会被结合进尿石基质，因此应被看作复杂性尿路感染，因为在这种情况下抗菌药物的穿透能力较差。90%以上的犬磷酸铵镁尿石均是由产脲酶细菌诱导产生的，而猫磷酸铵镁尿石通常为无菌的（即与细菌性尿路感染无关）。磷酸铵镁尿石可通过食疗与适当的抗菌疗法来溶解；在溶解或清除尿石后，预防尿石复发需要预防再感染的发生。对于因膀胱结石病和/或医疗管理失败导致不适症状的犬，可以考虑微创手术，如激光碎石术、腹腔镜辅助手术或膀胱切开术。

6.2.2 息肉样膀胱炎 慢性细菌性感染可诱导微观或宏观膀胱黏膜增生和炎性细胞在内部积累。当上皮增生变严重时，就会发生息肉样膀胱炎，从而导致肿块样病变或膀胱壁弥散性增厚（图8）。眼观区分息肉样膀胱

表框5 尿路感染并发症

尿路感染的潜在并发症：
● 耐药菌感染
● 息肉样膀胱炎
● 气肿性膀胱炎
● 磷酸铵镁（鸟粪石）尿石病
● 肾盂肾炎
● 前列腺炎
● 前列腺脓肿

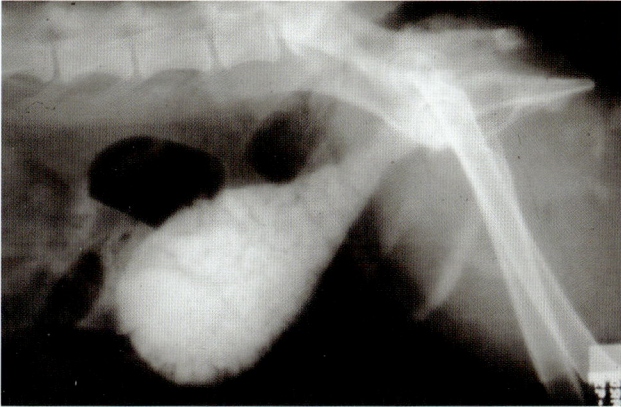

图7　3岁雌性绝育爱尔兰塞特犬感染引发的磷酸铵镁膀胱尿道结石的腹部侧位X线片

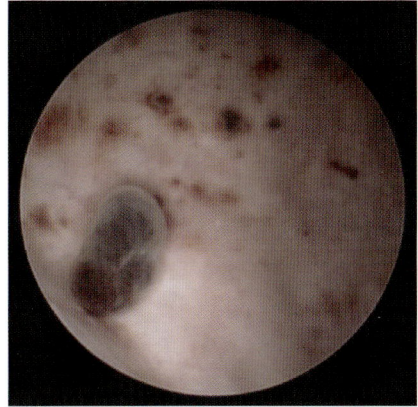

图8　6岁绝育雌性爱尔兰赛特犬因大肠杆菌导致的膀胱息肉的膀胱镜照片

炎和膀胱壁肿瘤并不可靠，但息肉样膀胱炎更有可能发生于膀胱顶部（移行细胞癌更有可能出现在膀胱三角区），外观通常呈葡萄簇状而不是伞状，且不像移行细胞癌那样布满血管。变形杆菌可能更多地与这些病变有关。息肉样膀胱炎病变是深层细菌感染的病灶，应按复杂性尿路感染进行治疗。在某些病例中，长期给予抗菌药物可能会成功治疗这些病变，但膀胱部分切开术可更快地解决这些临床症状，且可能会提高感染的长期治愈率，还会缩短抗菌治疗的疗程。

　　6.2.3　气肿性膀胱炎　气肿性膀胱炎是指继发于葡萄糖发酵菌感染导致空气在膀胱壁和膀胱腔内积累。大多数病例均是由大肠杆菌引起的，但变形杆菌、芽孢杆菌和产气杆菌引发病例也有报道。气肿性膀胱炎最常发生于患有糖尿病的犬和猫，因为存在高浓度的可发酵基质。应按复杂性尿路感染治疗气肿性膀胱炎；如果存在糖尿，那么就应针对潜在病因给予适当治疗。

　　6.2.4　肾盂肾炎　虽然未系统地评估犬或猫的肾盂肾炎，但全身性免疫力受损动物（如肾上腺皮质机能亢进、糖尿病）、患有慢性肾病的犬猫和因任何原因导致膀胱输尿管逆流的动物均有可能发生肾盂肾炎。慢性肾盂肾炎可能不会被诊断为引发犬、猫肾衰的一个

病因，对于之前曾患有稳定慢性肾病（氮质血症意外恶化，如"慢加急性"肾衰）的动物应特别考虑肾盂肾炎。

　　6.2.5　前列腺脓肿　前列腺囊肿是前列腺炎的后遗症，其特点为前列腺组织内有脓液积累。期临床症状多变，这取决于脓肿的大小和范围，以及全身累及情况。前列腺脓肿通过超声检查通常很容易于识别，治疗的目标是通过超声引导经皮穿刺或手术进行引流。手术疗法包括前列腺部分切除术和前列腺网膜固定术。

7　总结

- 确定无论复杂性感染还是非复杂性感染对指导诊断和制订治疗方案至关重要。
- 复发性感染为复杂性感染，可分为复发性感染、难治性/持续性感染、再感染或重复感染。
- 抗菌药物是治疗细菌性尿路感染的基础，理想情况下，应根据尿液培养和药敏试验结果选择抗菌药物。
- 支持预防性治疗的文献有限，识别和解决潜在病因至关重要。

审校：邓干臻　华中农业大学

（参考文献略，需者可函索）

兽医临床营养概论
Nutritional concepts for the veterinary practitioner

译者：朱心怡*
原文作者 Marjorie L. Chandler
选自：北美兽医临床，2014（44）

关键词：宠物食品标签，营养评估，体况评分，肌肉状况，营养误区

关键点：
- 饲粮可以辅助治疗或者降低疾病风险，但如果食物或者饲养管理出现问题，反而会导致疾病产生。
- 在评估宠物食品时，兽医必须清楚地知道饲粮的营养需要和配方设计是否已经过计算分析、化学分析和/或饲喂试验检验。
- 不同宠物食品的比较，可在同等能量或干物质基础上进行营养分析。
- 兽医在向动物主人推荐饲粮时，需要确保推荐的的饲粮是全价均衡的，有较好的消化吸收率，并且是安全的。优质的饲粮配方中往往含有有益机体健康的成分。
- 兽医每次都应对就诊的动物进行筛查性营养评估。

1 前言

对大多数兽医从业人员来说，他们并没有完全将营养与兽医或兽医护理学院课程结合起来，或者没有完全重视和认可营养的作用。虽然每一个兽医或是护士都知道营养管理会对他们的患者产生积极效果，但是因为他们可得到的信息往往是混乱且匮乏的，所以他们需要一个可以提供可靠营养方面建议的工具。

更复杂的是，兽医经常售卖某些品牌的饲粮，其利润会大大提高收入。因此，不管兽医给出的饲粮相关的具体建议有多正确，都会面对来自大众的怀疑，同时大众也面对着混乱的甚至有时是误导性的营养信息。

造成这种情况的原因是不同的营养观念相互混杂：如一些人选择生食或者自制食物，不喜欢商品粮；还有一些人对不同食物类型的喜好受零售商地理位置和类型的影响，如杂货店或兽医诊所。

译者简介
朱心怡　中国农业大学，Xinyi-August@outlook.com。

2 疾病和营养

许多疾病都受营养因素的影响。这些疾病包括营养敏感性疾病，饲粮诱导型疾病和由于不当食物或饲喂管理问题引起的疾病。营养敏感性疾病是指在患有这种疾病时，宠物的代谢紊乱可以通过特殊饲粮得到改善，这可以当做治疗的一部分，如慢性肾病，某些肝病，猫糖尿病和多种类型的胃肠道疾病（表框1）。饲粮诱导型疾病是指由饲粮引起的疾病，原因可能是因为配方错误导致的营养素不足或过剩，这种营养素不均衡经常会在自制食物中发生（图1），当然也不排除在商品粮中出现的可能性。也有可能是因为加工不当导致的营养素损失或者过程中添加的营养素过多或过少。加工不当还包括毒素和细菌的污染，经常发生在生食中（商品化生食粮或者家制生食），同样也在商品化的宠物熟食中出现过。

最广为人知的饲粮污染案件是在2007年，供应商在食品级小麦蛋白和大米蛋白中添加污染物三聚氰胺和氰尿酸，以增加食物中的表观蛋白含量。根据法院文件记录，这些掺入污染物的原料最后被12个不同的宠物食品生产厂用来制作食物和零食。成千上万的动物食用了受污染的食品，许多动物因此患病甚至死亡。虽然不管是三聚氰胺还是氰尿酸，单独来说都不是有毒物，但是他们的结合物会在肾脏形成结晶，可导致肾衰。最后宠物食品厂迅速召回了所有出售的食品，此次召回成为有史以来最大规模的一次召回事件。随后，宠物食品行业和美国食品和药品监督管理局迅速采取措施，以减少将来类似事件的发生。

表框1 营养敏感性疾病

- 牙科疾病
- 糖尿病
- 高脂血症
- 肥胖
- 胃肠道失调
- 胰腺炎
- 肝功能紊乱
- 心脏疾病
- 肾脏疾病
- 皮肤病
- 尿石病
- 骨关节炎
- 认知功能障碍
- 猫甲状腺疾病

图1 2岁的缅因猫在食用不均衡的自制食物（A）和改善饲粮之后（B）的表现（图片由英国布莱顿的Elise Robertson博士提供）

完成加工后，食物还有可能因储存不当，导致走味、霉变或者生虫、营养成分流失（更多饲养管理措施见6犬猫的营养评估）。

3 评价宠物食品

兽医和畜主通常不知道如何评价一种宠物食品或者不确定增加的食品资金投入是否是值得的。宠物食品在品质上确实各有差异，但是最基本的要求是饲粮的必需营养素是全价且均衡的。全价的食品是指饲粮必须提供足够的所有必需营养素。均衡通常伴随全价出现，是指饲粮所含的所有营养素必须保持恰当的比例。

在宠物食品营养方面有几种营养需要标准，包括美国饲料管理协会（AAFCO），国家学术委员会（NRC），和欧洲宠物食品联盟。食品配方可以自愿符合这些标准，但是在美国，AAFCO的标准是多数州的宠物食品条例的基础。在这些州售出的食品必须符合营养标准和标签指导方针的规定。而其他州条例的关注点多数在于标签，并不能保证食品的全价性和安全性。

宠物食品的检测方法有三种：①计算机分析或计算；②化学分析；③饲喂试验。至少可以使用上述一种对宠物食品进行检测。计算机分析方法是设计饲粮的最基本方法，并且是开发一种饲粮的起始点。计算机分析或计算决定（或估计）了饲粮中必需营养素的含量。通过计算机计算的方式可以发现配方中的重大失误，前提是假设饲粮中所用食材的营养成分和计算机数据库或标准营养含量表中的一致，但是这种假设并不总是很精确。

实验室分析相比于计算机分析，对成品的食品营养素的分析更精确，但是也相对昂贵。实验室分析提供的分析结果最接近食品本身，包括食品的水分、蛋白质、脂质、灰分（矿物质）和纤维素的含量。可溶性碳水化合物的计算是通过100%减去其他成分含量而得，并且在结果中用无氮浸出物这一词表示。对于单体矿物质、维生素和氨基酸一般不进行分析，但一些大公司经常会进行此类分析，并且美国使用AAFCO标准的州要求，

不进行饲喂试验的饲粮需提供此类营养素的分析或计算结果。在计算机或实验室分析中，有些因素并不在考虑范围之内，如营养素间的相互作用、消化率、营养素利用率、毒性和可接受性。

在一种饲粮经受计算机分析和化学分析的检验后，可通过饲喂试验的方法检测饲粮的消化率、营养素间的拮抗和协同作用、适口性、潜在毒性或在饲喂过程中发现存在的其他问题。AAFCO有针对饲喂试验的标准，很多公司也在使用。饲喂试验评估的参数包括体重、尺寸、被毛情况和某些血液指标。饲喂试验要求参与试验的犬猫的年龄和生命所处阶段要和产品的推荐使用对象相一致。虽然，饲喂试验可以很好地评估饲粮，但是饲喂试验并不保证食品在任何情况下或在超过饲喂试验时间的阶段后能够提供足够的营养。因此，一些大的宠物食品公司会采取比AAFCO标准更集中、更广泛、持续时间更长的饲喂试验。这种试验为兽医和饲粮检测提供了重要的营养信息。

营养需要有不同的表述形式。NRC定义的动物的最低需要量是能够支持既定的生理阶段（如维持、生长、妊娠或哺乳）的可利用的营养素的最小量。"适宜采食量"是指在没有最低需要量的情况下，可以维持既定生理阶段的饲粮中营养素的含量或是动物的所需量。"推荐饲喂量"是建立在最低需要量的基础上的，并且将生物可利用性考虑在内。例如，消化能可由动物试验或是通过估算方程式得到。最初估算代谢能（ME）的公式中蛋白质和碳水化合物（通过无氮浸出物推断得出）的Atwater系数分别为9kcal/g和4kcal/g。在自制食物中，有些材料，如肉类和内脏，应用此Atwater系数估算代谢能很好，应用的碳水化合物，脂肪和蛋白质的消化率分别为98%，96%和90%，只是稍微高估了猫的脂肪消化率。

Atwater系数高估了商品犬猫粮的ME，因此，在估算商品犬猫粮时，采用修正的

Atwater系数（脂肪8.5kcal/g，蛋白质3.5kcal/g，碳水化合物3.5kcal/g。但是因为商品粮之间的消化率差异较大，所以这些系数依旧可能不是那么精确。

对于营养均衡的饲粮来说，必需营养素必须与饲粮的能量密度成比例。AAFCO标准中营养素在饲粮的百分数含量表，是在猫粮的ME为4 000kcal/kg，犬粮的ME为3 500kcal/kg的前提下展示的，而在以1 000kcal ME为单位的营养素表中则不需考虑上述问题。但是，仍旧以平均能量摄入为基础。对低能量需要的犬猫来说，摄入的食物会相对减少，所以如果饲粮中某种营养素接近最低需要量，那么摄食的降低会导致这种营养素的缺乏。因此，对宠物来说，选择适合自身能量需要的能量密度的饲粮很重要。

许多营养素如钙和维生素A和维生素D，有其安全上限（SUL），即营养素经测试后表明不会产生副作用的最大浓度或含量。对其他一些营养素来说，没有数据支持设置SUL，因为测试的任何含量水平都没有显著的副作用。对于生长阶段，不管是适宜采食量或者最低需要量量还是SUL都同样重要。

4　帮助畜主选择饲粮

宠物主人通常会询问兽医"我的宠物饲喂哪种饲粮最好？"，但是对所有的宠物来说，并没有哪种宠物食品或哪个宠物食品公司是最好的。营养评估可以就年龄、品种、体况和疾病的表现方面给主人提供一个选择饲粮的指导。选择饲粮的最低标准是，饲粮全价且均衡，有足够的消化率，适口性适中确保合适的动物采食量，同时又要排除毒素的污染。除非动物因为一些因素（如猫慢性肾病）要求更高的液体摄入，畜主可以根据自身喜好、价格因素选择干粮或湿粮。其他影响饲粮选择的因素包括食品公司的声誉，如该饲粮是否进行了饲喂试验和食品公司是否有严格的质量控制系统。高质量的宠物食品公司通常会进行自主试验和自主研发，并

且必须有提供饲粮全价营养素分析的能力。另外还有一些食品公司通过研究证实其添加的成分有利于机体健康，对饲粮的选择也有影响。

5　宠物食品标签

宠物食品标签通常分为两部分：主要展示部分和信息部分（美国）或法定陈述部分（欧洲）。主要展示部分包括品牌名、产品名称、使用对象（仅美国要求如"犬的食品"）、净重、突出标志（如"全新升级版"），或者还有产品图片和标语。信息部分或法定陈述部分包括成分说明、标准值（欧洲）或保证值（美国）、产品描述、饲喂指导，营养素声明、添加剂声明、厂商和经销商名字和地址。成分说明按照所用材料的重量递减顺序排列。在美国，每种成分都必须用官方名或者常用名列出。

在欧洲，成分可以单独说明或者根据条例归在肉类和动物制品，蔬菜制品，牛奶和奶制品等的不同种类下。

保证值（美国）列出了粗蛋白、粗脂肪的最小值和水分、粗纤维的最大值。粗脂肪，粗蛋白和粗纤维的测定有专门的分析方法。分析方法可能有些不精确，但是仍然可以进行有效估算，可用于进行产品间的比较。需要注意的是，这里指的是最大值和最小值并不是确切的含量。欧洲条例规定了蛋白质、脂肪或油脂，纤维和灰分标准含量需要以百分数形式列出，并且如果水分含量超过14%的话，也需要列出来。

评价宠物食品时，需要将水分含量考虑在内。标签中营养素含量是以"饲喂量"表示的，这意味着其中包含了水分含量。因为宠物食品的水分在8%～80%不等，水分含量差异很大，这使得比较宠物食品很困难，所以营养学家就以"干物质"或"能量"基准下的营养素含量来评价宠物食品。以干物质为基准评估食品营养素含量时，将100%减去水分含量即得到食品的干物质百分含量。随

后将饲喂时营养素的百分数除以干物质的百分数既得在干物质基准下的营养素含量（表框2）。

表框2 营养素含量从饲喂量到干物质基准下的转化

要将营养素含量从饲喂量转化到干物质（DM）基准下，首先要先从100%中减去水分的百分数，从而得到DM的百分数，如以一种干粮为例，即为：
100% – 10%的水分 =90%的DM
然后将饲喂量基准下的营养素百分数除以DM的百分数即得营养素在干物质基准下的含量，假设以上干粮饲喂时含有20%的蛋白质，即：
20% 饲喂量基准下蛋白质含量 ÷0.90=22.2% 干物质基准下的蛋白质含量
注意：
• 当用百分数计算时，需先将百分数除以100，即90%即为0.90
• 当营养素在干物质基准下的含量永远比在饲喂量基准下的含量更大
• 需要谨记的是，除以的是干物质百分数而不是水分的百分数
如要将DM基准下的含量转换为饲喂量基准下的含量，首先乘以DM百分数，如：
22.2%（DM）×0.90=20.0% 饲喂量基准下的含量
因此，一种饲粮在饲喂量时含有75%水分（25%DM）和10%蛋白质，可以转换为干物质基准下含有10/0.25或40%的蛋白质

许多营养学家选择在能量基准下比较营养素水平，因为动物（应该）摄入适当的能量，如果不考虑能量的话，会产生关于动物营养摄入的不正确假设。例如，当饲粮含有高能量和低蛋白质时，很有可能动物摄入的蛋白质不足，因为摄入的饲粮量不能满足蛋白质需要量。为了可以在能量基准下计算营养素含量，必须知道饲粮的每千克能量含量，这可以通过厂商或计算得知（表框3）。确定饲粮中以g/kg为单位的营养素含量后，再除以每千克饲料的所含能量（表框4和表框5），所得即是每千卡能量的营养素含量，通常会再乘以100或1 000，得出以100 kcal或者1 000 kcal为单位的营养素含量（100 kcal=1 Mcal）。提供能量的营养素也可以用其在食物中提供的能量百分数来表示（如30%蛋白质能量，25%脂肪能量，45%的碳水化合物能量）（表框3）。

无论是欧洲所用的产品描述还是美国所

用的营养素充足性声明都表明该宠物食品是全价的还是补充性食品。在美国，产品声明必须说明该饲粮针对的使用对象所处的生理阶段、目标动物品种，以及相关证据。AAFCO提供了生长期、繁殖期和成年维持期的营养标准和宠物食品标签条例，但是没有提供年长/老年期宠物的相关资料。产品声明必须通过计算机或者实验室进行分析证实，以表明与AAFCO犬猫营养标准相一致，或者按照AAFCO指导进行饲喂实验进行验证。

如果标签说明此食品是"补充性的"或者"只能间断地或者补充使用"，那就说明这种食品不是全价的，并且不能用其当做宠物唯一的饲粮。这种饲粮可能是带有特殊作用的（如溶解某种特定的尿结石）处方粮，或者是一种零食（详见之后关于零食讨论的内容），又或者仅被临时用于促进厌食的患者进食。

表框3 估算商品粮的能量和计算蛋白质，脂肪和碳水化合物的能量百分比

例：
标签保证值数据：
 蛋白质，最小值，26%
 脂肪，最小值，16%
 水分，最大值，12%
 灰分，5%
 粗纤维，3%
将以上成分相加 =62%；随后将100%减去62%，算出非纤维性碳水化合物（CHO）的估计值，即100-62=38% CHO
为计算代谢能（ME），提供能量的营养素乘以相对应的修正的 Atwater 系数，即蛋白质和CHO（纤维也提供少量能量，此处忽略不计）都为3.5kcal/g，脂肪为8.5kcal/g：

例：
标签保证值数据：
 蛋白质，最小值，26%
 脂肪，最小值，16%
 水分，最大值，12%
 灰分，5%
 粗纤维，3%
将以上成分相加 =62%；随后将100%减去62%，算出非纤维性碳水化合物（CHO）的估计值，即100-62=38% CHO
为计算代谢能（ME），提供能量的营养素乘以相对应的修正的 Atwater 系数，即蛋白质和CHO（纤维也提供少量能量，此处忽略不计）都为3.5kcal/g，脂肪为8.5kcal/g：

表框4 在能量基础上比较营养元素

如果两种饲粮的能量密度不同但是摄入的能量相同的话，那么摄入的营养素含量就会不同，因此有必要在相同的能量基准下比较饲粮中营养素的含量（如每100kcal中蛋白质的克数）。相比于干物质为基准，这样能更好地反应出动物的摄食量。
例：
饲粮A在饲喂量时能量密度为3500 kcal/kg，饲粮B饲喂量时能量密度为4500 kcal/kg，两种饲粮水分都为10%
- A和B在饲喂量时都含有25%的蛋白质
- 以干物质为基准时，两种饲粮都含有27.8%蛋白质（25/90），并且每1kg饲粮含有蛋白质250 g（即25%=25 g/100 g=250 g）
- 但是，如果患者每天摄入1 000kcal，饲粮A每天可以提供
蛋白质71.4 g/1 000 kcal（1 000/3 500 kcal×250 g=71.4 g）
- 同样，饲粮B每天可以提供
蛋白质55.5 g/1 000 kcal（1 000/4 500 kcal×250 g=55.5 g）

表框5 每日维持能量需要预算值的计算

维持能量需要（MER），有时又称每日能量需要，通常是建立在静息能量需要（RER）基础上的。计算RER通常所用的公式为：70×体重（kg）0.75
因为这种能量计算是以"平均"动物需求量来计算的，所以只能在初始估算的时候采用，之后应根据体况来调节饲喂量
猫 MER（kcal/天）
　绝育成年猫：1.2×RER
　未绝育成年猫：1.4×RER
　活泼成年猫：1.6×RER
　不活泼/有肥胖倾向猫：1.0×RER
　妊娠猫：配种时为1.6×RER，在怀孕时可升至2RER
　哺乳猫：根据幼猫数量，在（2～6）×RER
　生长猫：2.5×RER
NRC建议不同的成年猫使用不同的MRE公式估算（kcal/d）：
　瘦猫：100×体重（kg）0.67
　超重猫：130×体重（kg）0.40
只要监控体重和BCS的变化，随后对饲喂量进行适时调整，那么每一个公式计算量对猫来说应都是足够的

犬 MER（kcal/天）
　绝育成年犬：1.6×RER
　未绝育成年犬：1.8×RER
　不活泼/肥胖倾向犬：1.4×RER
　减肥犬：1.0×RER
　工作犬：根据工作时间和强度，在（2～8）×RER 之 怀孕犬，头42天：1.8×RER
　怀孕犬，最后21天：增加到3×RER
　哺乳犬：根据幼犬数量，在（3～6）×RER
　生长犬：（2～3）×RER（在4～6月龄后逐渐下降）

关于营养充足性声明，标签必须包括以下两种中的一种：

①"【商品】能够满足AAFCO犬（或猫）营养标准对"生理阶段"的营养需要。"（采用了计算或化学分析方法）

②"AAFCO标准规定的动物饲喂试验，证明"商品"能为"生理阶段"提供全价且均衡的营养"（饲喂试验分析方法）

饲喂指导是饲喂的建议，包括推荐使用品种，生理阶段，建议饲喂量，并且是建立在平均能量需要基础上的，避免了个体动物能量过多或过少的差异。饲喂指导是建立在该食物是宠物提供的唯一食品，并不会提供额外的零食基础上的。因此，兽医需要考虑宠物个体间的差异、每个宠物需求的独特性、提供的零食或者其他食物的能量，并且要教会畜主学会体况评分（BCS，详见之后的营养评估章节）。

如果宠物没有达到理想的BCS，或者为了保持理想的BCS，主人需要超大量的加大

或减小饲喂量的时候，需要评估食物的能量密度。在美国，食品的能量密度会标注在标签上，但在其他国家则需要联系生产厂家才能知道具体数据。

FDA并不允许食品上标注此食品可以预防、治愈或者治疗疾病。标签上标注的其他信息也无辅助营养评估的实际作用。因为畜主的消费通常会受未管制的术语影响，如"整体的""人用级"或"优质的"，所以兽医和兽医技术人员必须帮助畜主做出明智的决定（表1）。尽管"优质"或"超级试验测试，使用了固定不变的配方，采用高质量的原材料，并且添加了有益动物健康的成分，如抗氧化物复合物。表2列出了一些为畜主和临床医生提供可靠营养信息的网站。

如果畜主使用自制粮，那么饲粮很有可能不是全价且均衡的（请看Parr和Remillard的相关文章）。主人在制作自制粮的过程中需要寻求营养学家的建议。如果饲喂的是生的肉类食物，应该告知主人考虑宠物和其他与宠物相关的动物或人潜在的健康风险。如果宠物食用了受污染的生肉，那么致病性细菌会导致胃肠道炎，并且在粪便中最多可持续一周检出致病菌。如果受细菌感染的动物住院，则需要注意医院工作人员和其他住院动物的安全。另外，如果生的饲粮中含有骨头，还可能造成牙损伤，食管/胃肠道阻塞或穿孔。对猫来说，自制粮食的人需要意识到，如果饲喂其素食，会造成其营养的严重缺乏。同样，如果饲喂犬素食，也需仔细考虑该素食对犬是否是营养充足的。

表1 宠物食品市场的术语定义

术语	定义	解释
有机	饲粮或饲粮配方中的一种特殊原料，是按照美国农业部（USDA）和美国饲料管理协会（AAFCO）的要求生产或处理的	至少95%的原料是有机的才能获得USDA的盖章。有机指的是产品生产的过程，不代表产品的质量
天然	饲粮或其中的原料仅来源于植物、动物或开采的矿物质资源。不管是它的未加工状态还是已经经过物理加工、热加工、着色、纯化、萃取、水解、酶解、发酵等处理，都没有经过化学加工过程，也没有加入化学性的添加剂或生产助剂。但是容许良好作业规范过程中不可避免的产生一些化学物质	食品很可能仍需要添加抗氧化剂来防止脂质的腐败；添加的维生素和矿物质可以是合成的，并且天然性的添加剂可以不接受检查
低敏	没有明确法律定义	指之前动物因接触某原料而产生过敏反应的原料，特别是那些包含完整（未水解）蛋白的原料。过敏反应指的是机体对某种食物或者原料做出的异常反应
人用级食品	宣称某种东西是"人用级"或"人用品质"即说明整个食品都是人类"可食用的"。"人用级"或者"人用品质"没有明确法律定义	AAFCO不建议使用此术语。如果食品的任何一部分的加工或处理过程使食品不适合人类食用，那么这个宣称就是不正确的
可持续食品	没有明确法律定义，但是被描述为该食品确保在很长一段时间内能够保持良好的个人的生活质量和社会的能力（而不是提前使用未来资源来满足自身需要）	此术语被不同的公司和个人使用可能会有不同的意义

续表

术语	定义	解释
"清淡的"食品或低卡路里食品	犬 饲喂量时干粮：3 100 kcal/kg 饲喂量时罐头：2 500 kcal/kg 猫 饲喂量时干粮：3 250 kcal/kg 饲喂量时罐头：2 650 kcal/kg （AAFCO）	如果宣称该食品为"低卡路里"的，那么则要标比同类食品低的卡路里数量。许多宠物如果自由采食，就算食用此类食品，也会增加体重
兽医许可	没有明确法律定义	需要询问是哪个兽医并受过哪种培训
优质／超优	没有明确法律定义	意味着该食品是全价且均衡的，使用一个固定配方，具有良好的质量控制系统，可能含有有益健康的成分，但并不受监管。有可能价格昂贵或者只在兽医诊所或宠物店出售
整体的	没有明确法律定义	可能意味着宣称的健康益处不存在

表2 一些提供可靠营养建议的专业组织和网站

组织	简介或宗旨	网址
美国兽医营养学会	一个对与动物健康有关营养问题感兴趣的动物学家和兽医组成的国际组织。申请加入不需要考察，但是需要有从事相关动物营养行业的证明	www.aavn.org
美国兽医营养学院	学校的主要宗旨是促进兽医营养的发展，通过兽医营养认证、鼓励继续专业教育、促进科研发展、利用授受型教学和研究生教学加强兽医营养知识的传播等手段，来提升兽医营养行业人员的能力。必须完成宠物营养相关实习和通过严格的考试才能获得会员资质	www.acvn.org
欧洲兽医和比较营养学学会	宗旨：激发兴趣、刺激科研发展、传播兽医营养和营养相关疾病的知识、改善本科和研究生的兽医营养教育、通过营养学家和临床医生合作和其他有相关兴趣的学会合作来促进医学院临床营养的应用	www.esvcn.com
欧洲兽医比较营养学学院	一个在营养上有所长的兽医团体。ECVCN是欧洲兽医专业委员会的成员。若要成为ECVCN的专科医师，候选人必须是有相关对健康患病动物的临床营养诊疗经验的兽医，还必须有相关营养科研成果才行	在www.esvcn.org网站内
WSAVA和GNC	WSAVA是一个协会间的组织。其会员包括世界各国关心伴侣动物的兽医组织。其内部组织之一是GNC，专注于促进营养的知识和应用的发展，同时也发布了全球性营养指南，目的是帮助兽医医疗团队和畜主根据每只犬猫自身营养需求制订恰当的营养计划。如今，这些指南已经在网站上成为兽医从业者和主人的工具包	www.wsava.org

6 犬猫的营养评估

将营养评估和宠物疾病护理相结合是很重要的,因为营养评估有助于保持宠物的健康体魄,并维持机体在疾病、损伤时产生良好的应答反应。世界小动物兽医协会(WSAVA)建立并倡导将营养评估认定为在温度、脉搏、呼吸、痛觉评估之后的"第五生命特征"或第五个重要评估指标(V5或者5VA)。,将本指导中提及的第五个重要评估的筛选评估整合在标准体格检查时并不需要花费过多的时间和费用。同时,将营养评估和建议整合到小动物护理中也可以促进畜主与医疗护理团队之间的关系。调查显示,畜主渴望可以从医疗护理团队获得关于营养和饲粮的有关信息。

美国动物医院协会(AAHA)发表了 AAHA关于犬猫营养评估的指导方针。WSAVA随后制定并发布了全球通用的营养评估指导方针。之后,WSAVA全球营养委员会(GNC)又延伸制定了一系列营养工具包(http://www.wsava.org/nutrition-toolkit)。这个工具包里包括营养评估的辅助工具,BCS图表(图2和图3)和评估体况的视频,肌肉状况评分图表(图4),住院动物营养指导,成年犬猫的平均能量推荐量,营养评估评审表。同样还包括给畜主的教育类资料,如指导主人如何使用从网上获取的营养相关资料并选择适当的饲粮。这个工具包的目的是帮助兽医医疗团队处理相关营养问题,并且提升其威望,使其成为畜主营养信息来源的专业渠道。

图2 猫体况评分(由加拿大安大略的世界小动物兽医协会提供)

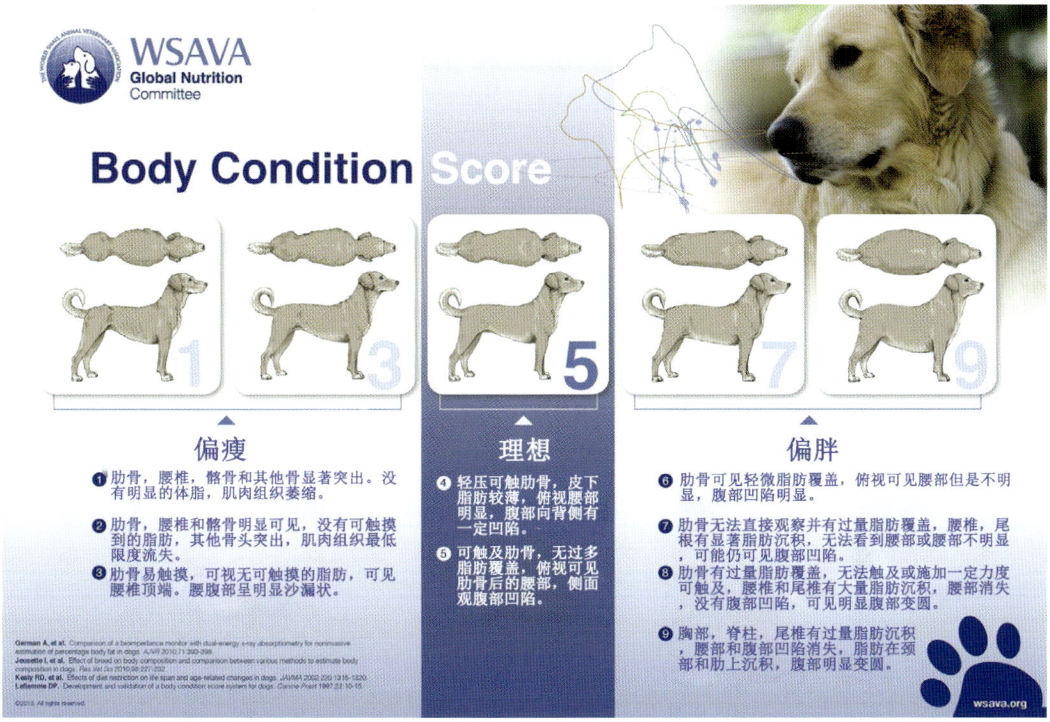

图3　犬体况评分（由加拿大安大略的世界小动物兽医协会提供）

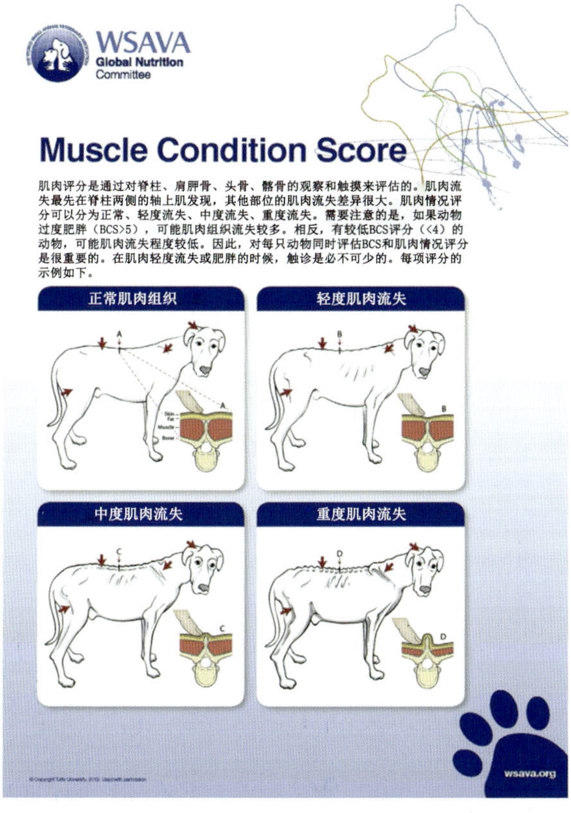

图4　犬肌肉状况评分，箭头所指即为犬的脊柱、肩胛骨、头骨和髂骨翼，A～D表示肌肉流失的严重程度（由加拿大安大略的世界小动物兽医协会提供）

6.1 营养评估的定义

营养评估需要综合考虑动物特异性因素、饲粮特异性因素、饲喂管理和环境因素。动物特异性因素包括年龄、生理阶段、活动量、需要特殊饲粮管理的营养敏感性疾病（如慢性肾病，食物不良反应）。

饲粮特异性因素需要考虑饲粮的安全性和适宜性，包括营养均衡、腐败和污染。这时需要考虑是否存在饲喂营养不均衡的自制粮和低质量的商品粮的情况。甚至还有虽然饲喂的饲粮营养均衡，但是不符合个体宠物需要的情况（如饲喂幼猫不能满足其生长需求的成年维持猫粮）。

饲喂因素包括频率、时间、地点、饲喂量、饲喂方法。饲喂管理信息包括过量饲喂或饲喂不足、零食和补品的给予、清洁、捕猎。环境因素包括宠物住所、是否有其他宠物、外出方式、周围环境。

6.2 评估的筛查和延伸

最初的营养评估是一种筛查性评估。如果筛查过程中发现可疑点，则需要延伸性评估。每只宠物每次进行例行的病史询问和体格检查时都要进行筛查评估。筛查评估包括饲粮使用情况、体重、BCS、肌肉状况评分、被毛和牙齿评估。WSAVA使用9分制的BCS表（图2和图3）。体况评分将视诊和触诊相结合（如明显的腰部和触摸肋骨上脂肪的量）。特别是如今宠物有肥胖趋势，这使得进行BCS评分和记录越来越重要（见Linder和Mueller的相关文章，可了解更多关于肥胖的信息）。

BCS评估体脂，但是有些体重超标的宠物，仍会有肌肉流失的情况，特别是那些患有糖尿病等疾病，或者进入老年期的宠物。肌肉状况评分是通过触摸头骨、肩胛骨、脊椎、盆骨上的骨骼肌来进行判断的（图4）。急性和慢性疾病可能会因为细胞因子和神经激素对代谢产生影响，从而导致肌肉和脂质的不成比例流失。在实践中常见的即为患有糖尿病的猫，其身体最高线处显示瘦骨嶙峋，但是仍有腹股沟脂肪垫。

6.3 饲粮和饲喂管理计划

在营养评估之后，兽医在给畜主其他相关说明（如药品用法用量）时，需要提供关于饲粮和饲喂管理的建议。饲喂管理计划可以按照WSAVA营养评估审查表的形式给出或者简单列出饲喂种类，饲喂量和饲喂频率。如果没有需要改变的建议，那么兽医需要告知主人当前的饲粮能够满足动物的营养，以强化这一好习惯。

兽医需要根据动物是否健康或生病甚至住院来决定给出怎样的营养性建议。另外还要考虑的因素包括动物的能量（卡路里）需要量、蛋白质需要量、疾病的特殊饲粮需求，以及因腹泻、尿液（如蛋白尿和糖尿）或者引流管等造成的营养流失。

尽管犬猫的能量需要可能会比估计的量上下起伏50%，但是还是要将估计量当做评估起点。关于健康体况的成年犬猫的维持代谢能或日能量需要（两者相同）的计算（见表框4）可以在WSAVA的GNC发布的工具包中找到。对于工作犬和比较灵活的犬来说，它们的能量需求要比估计值要高些。另外，因为处于生长阶段和繁育阶段的犬需要的能量较高，所以不能用成犬维持量估计它们的能量需求。

同时，兽医需要考虑到畜主的工作问题（如果工作时间很长，就不方便每天饲喂多餐）。除主食外，兽医工作者还需评估其他来源的营养素含量[如零食、餐桌食物、补品、用于配合服药的食物、咀嚼玩具（如生牛皮）]。宠物主人通常不会将用于配合药物服用的食物作为"零食"，所以一般不会提。但是，虽然零食仅是促进主人和宠物间关系地一部分，但是，它们也应该被考虑在内，并且应该建议畜主选择合适的零食。但是如果一味的要求主人停止饲喂零食，那么主人配合度会很低，所以要选择适合主人的方案。对于成年动物来说，如果零食的能量含量小于或等于总能量摄入量的10%的话，那么零食一般不会影响整体日粮的均衡性。

在宠物每次检查时都应该进行营养评估和饲粮建议。这时可以使用WSAVA的工具包来筛查或者延伸营养关注点。

7 将营养评估与惯例检查相结合

每次尝试在忙碌的惯例检查中添加新的项目都不容易，但是营养评估的需求是巨大的，并且值得为此付出。下面是在惯例检查中贯彻营养指导的方法。

7.1 认知和教育（得到职工的支持）

可以先从在每周的医生会议开始对员工进行意识教育，因为在会议上医生会讨论新的营养评估指南，并且使员工们意识到很多顾客很希望得到统一的并且权威的营养性建议，但是很多时候他们并不能满足顾客的要求。一旦让他们认识到营养很重要的，就可以给他们展示WSAVA的GNC发布的工具包，让他们在面对此类问题时增添自信，并且有足够的工具帮助他们满足顾客的要求。最重要的是，员工们要认识到得到合适的营养和建议是顾客的最大权利。

另外，通过实践培养和员工教育，整个团队的每个人都要意识到对患病动物和主人来说，营养管理很重要。最后，在每月员工大会上，专门利用一部分时间来普及一些正确营养管理带来的好处，还有辟谣不正确的营养及其带来的危害。

7.2 起始

为了便于将营养评估和每天的实践相结合，将营养评估最重要的部分做成了模板（图5）。大部分营养评估被置于问题导向性记录系统（主观、客观、评估、计划或SOAP记录系统）的病史部分或主观（"S"）部分。

与病史和检查相结合的模板能更好的保证询问合适的问题和进行营养评估。此模板尽量包括了"筛查评估"需要的各方面，并且包括不管是健康动物还是非健康动物检查都会涉及的大多数问题。

模板的"O"检查部分包括BCS与肌肉状

图5 实践中用到的营养评估模板的一个示例

> 将营养评估准则和标准检查结合并且创建模板可以很大程度地提高对患病动物总体检查的一致性。并可以减少对疾病和相关问题的漏诊和健康检查的遗漏。

况评分（MCS），之前与当前的体重。模板的评估"A"部分包括关于当前饮食营养评估方面的问题，治疗方案"P"的部分包括营养方面的建议。图5所示即为一个结合了营养评估的检查模板。

在使用模板过程中，因为体格检查中的空白项意味着未检查或未评估，所以模板中没有空白项，这样就不会出现将空白项认为"正常"或"健康"。

另外，WSAVA的GNC提供的工具包中的许多工具和资料可以提供给顾客，这些都是不偏向任何企业的营养信息。

7.3 监控和复习

在使用指导几个月后，需要对检查过程中的营养评估过程进行审查。或者，可以根据员工的反馈选择持续不断回顾，更新或/和改善。例如，在医生会议的时候可以对BCS和MCS对修订进行讨论。同时，"检查"模板中多余的营养评估措辞也可以根据需要进行修改。

7.4 评论

将营养评估准则和标准检查结合并且创建模板可以很大程度地提高对患病动物总体检查的一致性。并可以减少对疾病和相关问题的漏诊和健康检查的遗漏。这些营养问题通常会引起与畜主探讨营养。这些确实会增加检查的时间但是却能增强整个医疗团队的责任心（为患病动物着想），而且在主治医师进入诊室之前，这些检查即会完成大部分。同时，员工们也承认，相比于之前，如今的健康护理和预防更到位。

8 营养的误区和误解

对宠物主人来说，现在的书籍和网络中充斥着大量关于营养的"信息"。其中一些信息确实是正确并有依据的，但是大多数是没有事实依据的。从而，主人可能会饲喂非常规饲粮（如营养不平衡的自制粮或者是网站建议的营养不平衡的商品粮）。一个全面的饲粮历史询问（见上述描述）会揭示这些问题，同时临床医生可以就此机会与畜主讨论饲粮选择问题。大多数畜主还是很渴望从专业健康护理团队了解关于营养的知识。

以下将讨论那些诱导主人使用非常规饲粮的误区和误解。

8.1 误区：大型犬幼犬需要饲喂成年犬粮来避免发育时出现关节疾病

减少大型犬幼犬关节病的发生率确实和限制能量摄入，以防止生长过快或过胖有关。但是，最正确的是给幼犬饲喂专为大型幼犬设计的幼犬粮。一些成犬粮可能含有较低的蛋白质含量，钙磷含量也过低或者钙磷比不当。营养学家应检查饲粮中的营养素含量是否满足生长需要，畜主在使用专为宠物生长期设计的饲粮时并不需要额外补充钙或其他矿物质。一旦大型犬幼犬达到成年犬体型，则可以转而使用成年维持粮。

8.2 误区：干粮会导致胃扩张扭转症候群

研究认为，就营养方面来说，配方中含量最多的4种成分中含有油或脂质的干粮和泡湿的干粮都会导致胃扩张扭转症候群（GDV）发生率的上升。而大的食物颗粒（>30mm）可以减小该病的发病率。有研究显示，饲喂单一饲粮类型，如干粮或罐头，会增加GDV发生率，但是在商品粮中添加罐头或餐桌剩饭则可以减少GDV发生率。另外，每天饲喂一次和奎宿摄入食物也是该病发生的因素。以前认为从高处饲喂是预防GDV的方法，而如今也认为其会增加GDV发生率。需要注意的是，现如今有许多研究已经开始评估饲粮对GDV的影响，虽然他们的结果并不一致，但是仍没有试验明确表示饲喂干粮和GDV发病率的增加有关。

8.3 误区：禁食是减肥的有效措施

禁食会导致体重减轻，但是与平缓的体重减轻相比，禁食后机体的代谢率会降低得更多。在机体恢复"正常"的食量后，会维持这样的低代谢率，所以体重更容易反弹。同时，与使用低能量饲粮相比，禁食会导致更多的机体瘦肉组织（如肌肉）的流失。而瘦肉组织的减少又导致了代谢率的降低。对猫来说，禁食或体重减少过快会诱发脂肪肝。

8.4 误区：饲喂啤酒酵母、洋葱、大蒜可以预防跳蚤

饲喂啤酒酵母可以补充维生素B族，但是并不能预防跳蚤。并且，冒然在饲粮中加入酵母可能会导致胃肠鼓气。现今没有证据显示饲喂洋葱和大蒜可以预防跳蚤，并且它们含有很多含硫成分，会形成海恩兹小体从而引起红细胞溶解。

8.5 误区：犬需要吃/嚼骨头

我们经常给犬骨头，认为骨头可以补钙和/或清洁犬的牙齿（或者仅仅是因为犬的喜爱）。尽管骨粉确实可以补充钙并会用于饲粮，但是，如果通过给犬整只骨头来补钙，这种方式是不精确的，常是不充足的补钙方式。骨头大多数时候可以无障碍的通过胃肠通道，但是，有时候碎片会堵塞或贯穿肠管，造成急性死亡。给犬饲喂骨头还会造成便秘。这时，为了犬能享受骨头带来的乐趣，可以给犬大的、完整的牛骨（不能吞食）。骨头虽然可以预防牙结石，但是也会导致牙齿破裂。有研究显示，吃"天然粮"的野犬尽管只有轻微结石沉积，但是确患有牙周炎。一个对比野猫和家猫的研究显示，吃商品粮的家猫比吃"天然野生"食物的野猫的牙结石评分更高，但是他们两者之间牙周炎的发病率无明显区别。另外，有证据表明食用自制粮的犬猫相比食用商品粮的犬猫更容易患有口腔健康问题。

8.6 误区：生的食物更天然所以更健康

生的食物经常会含有细菌，并且有被致病病原体如沙门氏菌、寄生虫和原生动物污染的可能性。同时，对人来说因为接触这些病原体的概率也会同步上升，所以处理生的食物对人也存在健康风险。最重要的是，这些食物可能并不是营养均衡的。了解更多相关信息可见Parr和Remillard对这方面问题的相关文章。

8.7 误区：不含谷蛋白的饲粮对犬猫更健康

只有1%～1.5%的人会对麸质过敏（一种对小麦制品中谷蛋白的不良反应），但是最近很流行饲粮不含谷蛋白饲粮的说法并且宠物食品中也有这种说法。虽然并没有具体的宠物对小麦/谷蛋白过敏的发病率，但是总体来说在宠物中并不常见。某些爱尔兰猎犬可能对谷蛋白过敏。在对330只不同品种的犬的食物不良反应的诊断分析显示，最常见的过敏原依次是牛肉，奶制品和鸡肉，其中小麦名列第四。另外，在56只产生食物不良反应的猫中，对玉米/玉米谷蛋白和小麦过敏的猫分别只有4只和3只。猫的过敏原最常见的依次为牛肉、奶制品、鱼肉和鸡肉。为了确定食物过敏源，需要对食物进行消除和刺激试验；如果没有食物刺激试验，那么就没有依据改变饲粮成分。谷蛋白是一种优质的蛋白并且有极高的消化率，它可以被大多数宠物所接受。

8.8 误区：老年犬猫需要使用低蛋白质的饲粮来预防肾脏疾病

此误解是来源于早先关于啮齿类动物的研究，现已证实此观点是不正确的。其实，食物中蛋白质的含量与慢性肾病之间并没有

因果关系，甚至在对肾脏疾病的治疗过程中，对磷的限制摄入比限制蛋白质的摄入更重要。随着年龄增长，因为肌肉减少症（肌肉流失），宠物反而需要食用更多优质、高消化率的蛋白质。

8.9 误区：食物副产品是劣质的成分

肉类或家禽肉副产品或次级产品来源于人类使用的干净和健康动物的未使用部分。AAFCO定义的肉类副产品是指"没有提取脂肪的、干净的部分，屠宰过的哺乳动物上除去肉剩下的部分。它包括但不仅仅是肺、脾、肾、脑、肝、血和骨，部分脱脂的低温脂肪组织，除去内容物的胃和肠。并不包括被毛、角、牙和蹄"。AAFCO将禽肉类副产品定义为"必须由屠宰后禽类尸体的未提取脂肪的干净部分组成，如头、脚、内脏，内脏需要除去排泄物和异物杂质，容许在好的工厂操作过程中不可避免产生的微量残留"。副产品并不包括不需要的部分，包括胃肠道内容物、角、牙、蹄和患病或患癌动物的部分。副产品是营养成分的优质来源和健康来源。

8.10 误区：饲喂猫干粮会因为高碳水化合物含量而导致糖尿病的产生

猫是绝对的食肉动物，并且猫对饲粮中大量的碳水化合物代谢比其他哺乳动物效率低。在一个猫自行选择常量元素的试验中，猫虽然有消化碳水化合物的能力，但是还是倾向于选择低碳水化合物的饲粮，并且相比罐头食品多数猫更喜欢干粮。一些肥胖猫确实表现出胰岛素抵抗，特别是给它们饲喂高碳水化合物、低蛋白质的饲粮时，但是多数

> 每只宠物在每次就诊时都应该进行筛查性营养评估。这可以帮助健康护理团队确保畜主使用饲粮和饲喂方式是恰当的。

商品粮并不是高碳水化合物、低蛋白质的。在多数猫的干粮中含有的碳水化合物量并不会引起健康猫的高血糖。同时，不同谷物或者谷物的加工过程会影响血糖和胰岛素应答。根据报道，猫的2型糖尿病的影响因素有室内限制、低活动量和绝育，但并不包括食用干粮或高碳水化合物饲粮。机体脂肪的增加（超重或肥胖的体况）比饲粮的类型更容易引起诱发糖尿病。

需要注意的是，一旦确诊猫已有糖尿病，那么饲喂高蛋白质、低碳水化合物饲粮可以增加好转（不再依靠外源性胰岛素）的概率。

9 总结

饲粮可以帮助治疗疾病，减轻疾病发病风险，但是如果食物或饲喂方式出现问题反而会引起疾病的发生。为了评价宠物食品，从业者必须认识到饲粮配方所采用的营养需要标准，和是否已经经过了计算机检测、化学分析和/或饲喂试验的验证。宠物食品的营养分析可以在能量或者干物质基准下进行比较。宠物食品标签必须标明该食品是否是全价均衡的，使用对象的品种和所处的生理阶段。如果要给畜主推荐某种饲粮，那么兽医从业人员必须要保证该饲粮是全价且均衡的，有足够的消化率并且是安全的。优质的饲粮可能会添加有利于健康的成分。

每只宠物在每次就诊时都应该进行筛查性营养评估。这可以帮助健康护理团队确保畜主使用饲粮和饲喂方式是恰当的。将营养评估加入到日常检查中是有利的，可以提高宠物，畜主和员工的价值。

在兽医治疗过程中会伴随着一些关于营养的误区和误解，兽医工作者需要寻找有证据支持的研究结果，而不是听信一些关于营养的传闻。

审校：孙伟东　浙江道格凯特实业有限公司

常见禽类的急救与重症护理
Emergencies and critical care of commonly kept fowl

译者：唐国梁*

原文作者：Mikel Sabater González等

选自：北美兽医临床，2016（19）

关键词：急救，重症护理，禽类，鸡，水禽

关键要点：

- 禽类对疾病会表现得非常坚忍，通常在疾病的早期阶段会掩盖疾病症状，只有在突发急性病症或严重的慢性疾病才会有所表现。
- 了解不同鸟品种的解剖和生理对危重禽类病患治疗成功与否至关重要。
- 相对诊断程序来说，稳定病患状态更为重要。
- 在治疗禽类重症时，临床医生需要考虑传染或非传染性疾病。

1 引言

　　禽类指分类学上两个目的鸟类、斗鸡或家陆禽（鸡形目）和水禽（雁形目）。解剖学及分子生物学上的相似性的研究表明，这两个目在进化上的亲缘关系接近。

　　很多种类的禽类，包括鸡（如*Gallus gallus*）、鹌鹑（*Coturnix japonica*和*Colinus virginianus*）、鹌鹑粳稻*Colinus virginianus*）、环颈雉（*Phasianus colchicus*）、火鸡（*Meleagris gallopavo*）、珍珠鸡（如*Numida meleagris*）、孔雀（*Pavo cristatus*）、鸭（如*Anas platyrhynchos*）、鹅（*Anser anser*和*Anser cygnoides*）、天鹅（如*Cygnus olor*），这些物种作为经济动物有着长期的人工饲养历史（如作为食物、游戏、羽毛或展示的目的）。

　　禽类十分有耐力，常会在疾病早期不表现出伤病，只有发生急性疾病或较严重的慢性疾病时才可能表现出临床症状。

　　在很多国家，禽类被作为农场动物饲养，给人类提供肉蛋等食物，当在诊疗过程中处置此类动物时，即使其被作为伴侣动物饲养，都需要遵照当地的相关法律法规。

　　本文回顾了绝大多数禽类的急救护理，包括分诊、患者检查、诊断方法、支持疗法、短期住院及常见急救方法。

2 分诊

　　分诊是通过对大量病患通过疾病的严重

译者简介

唐国梁　荣安动物医院，iamwhatami@139.com。

程度进行救治优先级筛选，以确保被救治动物的存活率最高。对于急症重病鸟类来说，急救检查非常重要，因为它们已经处于非常虚弱的状态，经不起诊疗上的疏忽及失误的治疗。经过系统训练的前台接待人员应该能够通过电话沟通就识别出急诊病例，为其在赶往医院前和途中给予准确及时的急救支持。在患鸟到达医院之前，应提前做好急救及检查的相关准备，以确保尽快确诊并给予对症治疗，以达到最佳的治疗效果及预后。

在急诊病例抵达医院后，熟悉鸟类医疗的治疗团队先对其进行分诊，以决定是否需要立即进行急救处理还是在需要时可以稍微等候一段时间再进行救治。存在出血、头部外伤、骨折、呼吸困难、癫痫、中毒或失去意识及严重疼痛的个体需要第一时间进行检查治疗。急诊病患需要与其他患鸟进行隔离，并避免一切潜在应激源，直到对其整体状况做出评估。由于禽类可能携带多种传染病病原，应做好相关措施避免疾病传播。禽类的人兽共患病病原包括沙门氏菌、鹦鹉热嗜衣原体、分支杆菌、弯曲杆菌、丹毒杆菌、李斯特氏菌、葡萄球菌、链球菌、肠球菌、禽流感、新城疫、东西部马脑脊髓炎、西尼罗河病毒、荚膜组织胞浆菌、隐孢子虫、鸡小孢子菌、禽刺螨、鸡皮刺螨、弓形虫、粪杆菌。

3 初步检查

通过初步检查将分诊时获得的信息进一步跟进，询问得到的信息以确定患鸟的状态，识别并治疗危及生命的病症，决定患鸟的监护级别，并预估和预防潜在的并发症。

一个简短的病史并结合初步检查评价心血管、呼吸和神经系统可以让医生评估患鸟处于稳定还是不稳定的状况。

检查心血管系统以确认适当的组织血液灌流。心脏听诊可以监测心率和节律。过厚的胸大肌会影响禽类心脏听诊。可通过将听诊器放置在后背、胸腔侧面或胸廓入口处进

行听诊。此外，也可以采用食管电子听诊器。可以在胫跗动脉及桡深动脉触摸到脉搏。弱或细脉表示动物休克，没有脉搏可能是心搏骤停，外周血管收缩、血容量不足、或低血压。按压前臂静脉（翅静脉）或肘静脉可以用于评估毛细血管再充盈时间（CRT）。通常情况下，当手指从静脉上拿开，通常不会看到静脉再充盈过程，如果能够看到静脉再充盈过程，表明患鸟有大约5%的脱水，如果再充盈时间达到1s，表明脱水10%左右或出现休克。鸡的冠鸡应该坚挺且鲜红。可以通过鸡冠评估CRT。鸡冠的CRT应该小于2S。可以通过翻出泄殖腔或眼睑评估黏膜颜色。检查呼吸系统包括上、下呼吸道听诊，评估呼吸频率和质量，以及呼吸困难的迹象（如端坐呼吸或尾羽摆动）。

精神状态、警觉性和对外界刺激反应的水平应作为神经系统初步检查的一部分。表现出沉郁或严重虚弱的患鸟应立即安置在预热的保温箱内，提供50%～80%加湿的氧气，直到患鸟状态稳定能承受检查后再考虑进一步的临床检查和诊断措施。

4 进一步检查

进一步检查包括获得完整的病史、全面体检，对初始治疗反应的评估，以及进一步的诊断措施，这些检查可以提供一个全面的诊断和治疗方案，并且基于进一步检查结果给动物主人提供大致的治疗费用及预后评估。

一个完整的病历应包括但不限于动物种类、品种、年龄、性别、主诉、动物来源、日常饮食、家庭中的鸟类数量、开放或封闭的群体饲养、开始饲养时间、群体中新进动物日期、受影响动物的数量和种类、是否存在接触毒素的潜在风险、发病时间、有哪些行为的改变、既往病史、接受过的治疗及结果、繁育史、临床症状，还包括疾病持续时间和发展的情况。

禽类的体检与其他鸟类相似。保定检查前通过观察评估患鸟的状态，以此决定保定

检查的项目及时间是动物能承受的。在将患鸟从运输笼或ICU内取出保定前，将所有的检查设备和用品准备好。如果患鸟很虚弱，检查可以以一个循序渐进的方式进行，即在确保处置、检查、诊断、治疗之间插入休息给鸟以恢复时间。

5 抓取及保定

通常情况下，禽类可能化学保定就能够进行处置。在保定过程中需小心，以避免鸟或动物保定人员受伤[咬伤、被抓伤（如禽类的爪子），或被扇动的翅膀撞伤（大型鸟类）]

禽类应从背后抓住，采用徒手或用毛巾包裹的方式，避免被保定鸟张开翅膀。然后用一只手抓住双腿，两腿之间需要放一指，以免抓握力量过大造成损伤。被保定禽类应该紧贴保定者身体或一个固定不可移动物体上。给紧张的鸟头上盖布会更有助于保定，动物也不会特别紧张。小型水禽可以用一只手保定闭合的双翅，或者用一个手的手指抓住双翅根部的肱骨近端，另一只手托住腹部。大型的水禽如鹅和天鹅，则采用抱握住闭合的双翅，同时将头部朝后，颈部控制在手臂下面。大型且淡定的动物可以采取跨坐

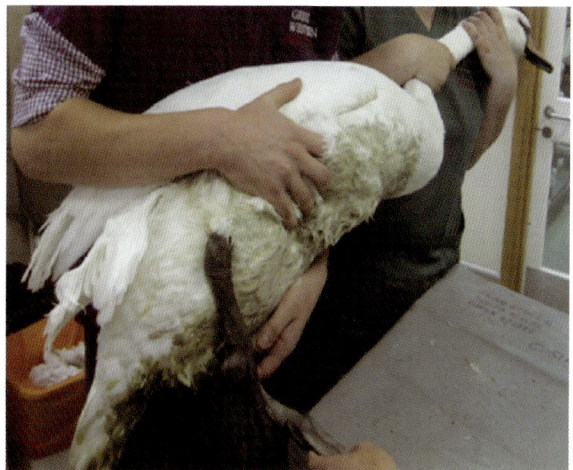

图1 保定鹌鹑（左）和保定天鹅（右）

按压在地面的方式进行保定（图1）。

在鸟类体检、诊断及治疗操作过程中，鸟类被保定过程中的姿势可能会影响其心肺功能。鸡在采取仰卧位保定时，将降低潮气量40%~50%，进而提高20%~50%的呼吸频率。表现出呼吸窘迫的患鸟应采取竖直的保定姿势。当水禽出现呼吸窘迫的时候，由于胸大肌的质量更大，仰卧保定可能造成更严重的后果。增大的脏器，过度肥胖体腔内大量的脂肪及体腔内的液体蓄积都可能压迫气囊，降低气体交换效率导致高碳酸血症即呼

吸性酸中毒，甚至导致死亡。

可以测量泄殖腔温度或机体温度。泄殖腔温度取决于体温及泄殖腔活动周期。水禽的正常体温在40~42℃。可采用热敏电阻探针温度计测量体核体温，通过将探针从食管放入，进入胸廓内进行测量。鸡的正常体温在40.6~43℃。

应使用精确度为1g的电子秤对患鸟进行称重以了解其基本体况。同时，获得的体重数据也可以帮助计算正确的用药剂量及与之前的体重进行对比（图2）。

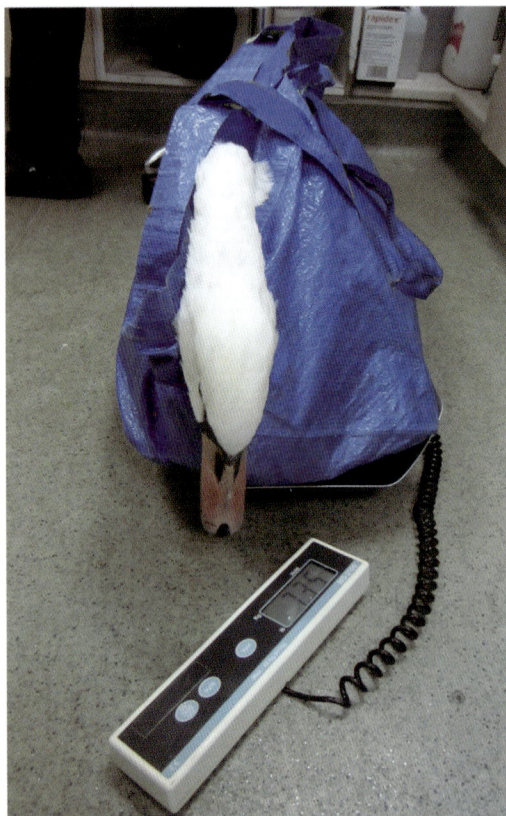

图2 使用购物袋保定并给天鹅称重

图3 给天鹅内侧跗背静脉安置留置针

5 急救动物的血管通路及输液疗法

必须优先满足患鸟的需求。尽管在开始治疗前采集血液样本进行血液学及血生化检查更有利于诊断，在休克的禽类急救时，及时的给予治疗以稳定病情更为重要。至少要获得的信息包括PCV、TSL和白细胞计数。种内的血容量差异显著[雉鸡（67±3）mL/kg，红头鸭和帆布背潜鸭（111±3）mL/kg]。健康动物的安全采血量占体重百分比分别为鸭3%、鸡2%、雉鸡1%。虚弱动物的安全采血量应控制在体重的0.5%以内。其他鸟种的安全采血量可以查阅相关书籍。

治疗危重病患，给予静脉或骨髓内输液是必要的。如有必要，需要在麻醉下进行安置留置针操作。内侧跗背静脉、尺静脉和颈静脉是静脉留置针的选择部位（图3）。骨内留置针可安置在尺骨远端或胫跗骨近端。应避免在包括股骨和肱骨在内的含气骨安置骨内留置针。

通过静脉或骨内给予每千克体重3mL的温晶体溶液对大多数鸟类都是有益的。由于液体复苏在危重鸟类是困难的，一次性给予晶体与人造血混合的液体能帮助低血容量性患鸟。不同种类的胶体溶液可以作为人造血的替代品。

7 危重患鸟的补充监护及诊断技术

呼末二氧化碳仪，直接和间接的血压、心电图、血气分析是对危重病患的补充监测技术，可以提供更多的信息帮助分析病情。根据动物的具体情况选择进行哪些补充检查。

呼末二氧化碳仪是测量呼气末时呼出气体的二氧化碳浓度，这是一个有用的指标。建议给小型患鸟使用侧流式呼末二氧化碳仪。

脉搏血氧仪尚未在鸟类上进行验证。禽类和人类的特征含氧和脱氧血红蛋白有所区别，导致血氧饱和度被低估。

超声多普勒血流检测仪是心脏监测的常用设备，同时也可用于间接血压测量。水禽可采用的血压测量包括多普勒、光体积描记/光声探针血压计及示波显示器。采用超声多普勒血流检测与直接测量法测量鸭（绿头鸭）的收缩期血压的结果一致性非常高。而舒张压及平均压不能采用这一方法。直接测量动脉血压能够获得理想的结果，但并不常用，这需要复杂的介入性操作，且相关设备成本颇高。对中到大型鸟类（体重大于200g），常选用桡骨深动脉作为留置针的安置血管，而对于小型鸟类（体重小于200g），常选用尺骨浅表动脉。对于水鸟或长腿鸟类，胫前动脉或跖背动脉可作为安置留置针的选择部位。给颈外动脉安置留置针通常需要切开皮肤以获得良好的血管能见度。通过麻醉鸡形目的鸟类进行比较肾小球滤过率和血压的关系发现，鸡形目鸟类在平均动脉压（MAP）在60~110 mmHg时仍能够保持其肾小球滤过率。当平均动脉压（MAP）低于50mmHg时，鸡就不能维持其肾小球滤过率，即无法排尿。鸡的收缩压，平均压及舒张压分别 为（99±13）mmHg、（84±13）mmHg和（69±15）mmHg，鸡形目的其他鸟类（如火鸡）的正常血压要高于鸡。如果将人类的低血压定义（从还有意识的MAPs基线降低30%）外推到鸟类，除一些鸡形目和雁形目鸟类物种外，大部分鸟类的低血压会高于哺乳动物的水平。低血容量常采用骨内或静脉推注晶体液（10~20mL/kg）或胶体液（5 mL/kg）治疗，直到收缩压恢复。不同种类的禽类的血压参考值可以从不同的文献中获得。

心电图可用于监测心率和节律。不同鸟种的心电图参数差异明显，如已有报道的几个物种包括鸡、火鸡、鹌鹑、鸭、鹅、番鸭、几内亚鸡、岩石和石鸡的心电图研究。

动脉血气测量是评估酸碱状态、通气和组织灌注的金标准。这一检测对危重或呼吸道疾病患鸟提供了必要的生理信息，对于纠正代谢和呼吸异常至关重要。关于鸟类的血气的详细信息已有相关报道。

8 镇静与麻醉

对疼痛或异常紧张的患鸟进行镇静或麻醉可以减轻压力。也可能有助于降低加拿大鹅或火鸡罹患捕获肌病的风险。咪达唑仑在鸟类临床的使用逐渐增多，常用于镇静、催眠、抗焦虑、顺行性遗忘、中枢性肌肉松弛及抗惊厥。肉鸡、火鸡、环颈雉和鹌鹑的咪达唑仑的静脉用药剂量为5 mg/kg。

有数篇关于禽类麻醉及镇痛的文献报道。常用的禽类吸入麻醉采用异氟醚或七氟醚。氧气流量常设置在1~2L/min，可以使输出的麻醉气体浓度及时随蒸发罐的设置改变而相应变化。诱导麻醉多采用面罩进行。在使用面罩进行诱导麻醉时，由于三叉神经受体刺激可能出现呼吸暂停及心动过缓。诱导麻醉前给与纯氧几分钟可以有效减少除了潜水的鸭类外的绝大多数鸟出现上述意外的情况。使用异氟醚作为诱导麻醉剂时，蒸发罐浓度设置在3%~4%。超过15min的麻醉建议使用没有气囊的气管插管给动物进行安置气管插管。水禽的母鸟需要使用比同种雄性个体大0.5-1号的气管插管。如果由于不便或生理结构原因（如存腹崤）导致无法安置气管插管，可采用气囊插管。在水禽麻醉过程中应经常检查气道是否通畅，因为水禽会产生较多呼吸道黏液，有可能阻塞气管插管，甚至导致动物死亡。使用抗胆碱能药物可以降低呼吸道的分泌物产生，但会增加分泌物的黏性，因此只推荐用于改善心搏过缓。

鸡和鸭在使用异氟醚进行麻醉时的最低麻醉浓度（MAC）分别为1.32%和1.3%。给鸟类采用异氟醚麻醉时会因麻醉剂的浓度变高引起心肺抑制。此外，在北京鸭会引起心搏过速和低血压。在鹅进行呼吸麻醉时，需要确保$PaCO_2$在53mmHg以上，以确保自主呼吸，如$PaCO_2$小于等于40mHg，可能产生呼吸抑制。在麻醉鸟类时及时存在一些自主呼吸，也可采用间歇性正压通气，这可以确保血氧饱和度维持较高水平。可以采用手动按压呼吸袋或使用呼吸机进行人工辅助呼吸。存在自主呼吸的鸟可以给予的辅助呼吸频率应比自主呼吸的频率每分钟高不少于2次。如果麻醉的鸟类出现呼吸停止，需要给予每分钟不少于8~15次的人工呼吸，具体频率取决于动体型（大型鸟类的人工呼吸频率低于中小型鸟类）。通过血气分析发现，人工呼吸可以提供高效的气体交换效率。

鸡在使用七氟醚进行麻醉时的最低麻醉浓度（MAC）为2.21%。在最低麻醉浓度（MAC）时，被麻醉的动物的心率不会出现显著变化，在最低麻醉浓度（MAC）2倍剂量以内时不会出现显著的心律失常。在另一项针对鸡的七氟醚麻醉发现，不论是自主呼吸还是呼吸机辅助呼吸，都出现了低血压。然而这一现象只在呼吸机辅助呼吸时随麻醉剂量提升而出现。在自主呼吸麻醉时出现心搏过速，而在呼吸机辅助呼吸时未见明显的心率改变。

9 镇痛

不同的物种由于其对疼痛的敏感度、对疼痛的反应及对镇痛药物的治疗反应都存在差异。已有研究对禽类的阿片类及非甾体类抗炎药的使用进行了报道。

10 住院动物

在进行诊断治疗前，给予患鸟对症治疗，如吸氧、雾化吸入、补液治疗，使用广谱抗生素、抗真菌药物，和/或营养支持及保温2~8h，可以使大部分患鸟受益。

怀疑有传染性疾病的患鸟应安置在单独的住院笼舍并使用单独的医疗设备，并在动物离开后进行彻底的消毒处理，以降低疾病传播的风险。对患鸟的理想保温温度为29.4~32.1℃。

可以给予脱水5%以内的患鸟口服或皮下补液。口服补液操作需要被操作动物能够维持身体直立的姿势并有正常的胃肠道功能，以免由于补液引起呕吐并呛到患鸟。皮下补液的部位可以选择腹股沟、肩胛间区、腋窝区、体侧或背部正中。

在提供营养支持前纠正患鸟脱水情况非常重要。住院动物的饮食应尽量贴近其同物种的自然饮食。

市售的配方食品，如Lafeber公司（Lafeber Company，Cornell，IL）生产特护营养食品或希尔斯的A/D犬猫粮（a/d Canine/Feline；Hill's Pet Nutrition，Topeka，KS）可以短期使用提供急救动物营养。使用Lafeber公司的Emeraid肉食动物营养粉，可以帮助提高长尾鸭的术后恢复及存活率（图4）。

图4 给家鸡强饲

11 常见急诊病例表现

11.1 出血

鸟类常见的出血病例多发生于外伤及内脏的出血性病变。绿头鸭的急性失血病例的LD50（半数致死量）为总血量的60%。在慢性失血病例中，绿头鸭的LD50可达总血量的70%，而野鸡及家鸡的LD50为总血量的40%~50%。给失血患鸟进行输液建议给予的液体包括晶体液、胶体液及全血。虽然在急性失血的病例研究中发现使用上述三种不同的液体输液治疗后的死亡率并没有统计学上的差异（晶体溶液、羟乙基淀粉、血红蛋白类氧载体HBOCS），但使用血红蛋白类氧载体HBOCS实验组有死亡率下降的趋势。急性病例是失血后早期的造血反应出现。

11.2 创伤

在室外散养的禽类的外伤很常见，可能

由于被捕食者攻击、枪伤、电击以及不适当的饲养环境等因素造成。需要进行详细的检查以确定外伤的具体情况及制定最佳的治疗方案。首先应给予优先的治疗（吸氧、液体治疗及止痛），控制出血，清创，稳定骨折部位等操作，直到患鸟整体状况稳定之后能承受后续的更针对性的治疗。所有存在咬伤的患鸟都需要取样进行细菌培养及药敏试验后再使用对症的抗生素进行治疗。

头部外伤可能出现但不局限于以下症状：瞳孔大小不对称、歪头、沉郁、其他神经系统症状、颅骨骨折、视网膜脱落，鼻腔、口腔、耳朵和/或眼前房出血。应持续监测患鸟的精神状态、瞳孔对称性及大小、瞳孔的光反射情况。瞳孔扩大、对光反射减弱及出现昏迷等状况都表明神经系统症状恶化。

头及颈部软组织损伤也很常见，很多这类创伤需要外科手术治疗。创伤暴露的上鳃骨，部分的舌骨可以通过手术切除，术后无明显损害，使头部的手术修复更容易。头骨骨折如下颌骨，方形，颧骨弓，腭骨、翼、上颌骨的骨折也会发生。如果患鸟还能正常地进行梳理羽毛及进食，二期愈合形成一个假关节也可以维持正常的生理功能。有对喙部手术安置假体进行治疗的报道。

雁形目容易出现异物伤。天鹅常见吞下钓鱼钩和鱼线（图5）。可能会在嘴鞘、舌、颈部皮肤和胃肠道发现伤口。治疗方案取决于损伤的严重程度。可以尝试使用内镜进行取出，但有时候只能进行手术取出。有文献就手术治疗幼年番鸭（Cairina moschata）的颈部气钉枪伤的治疗报道。

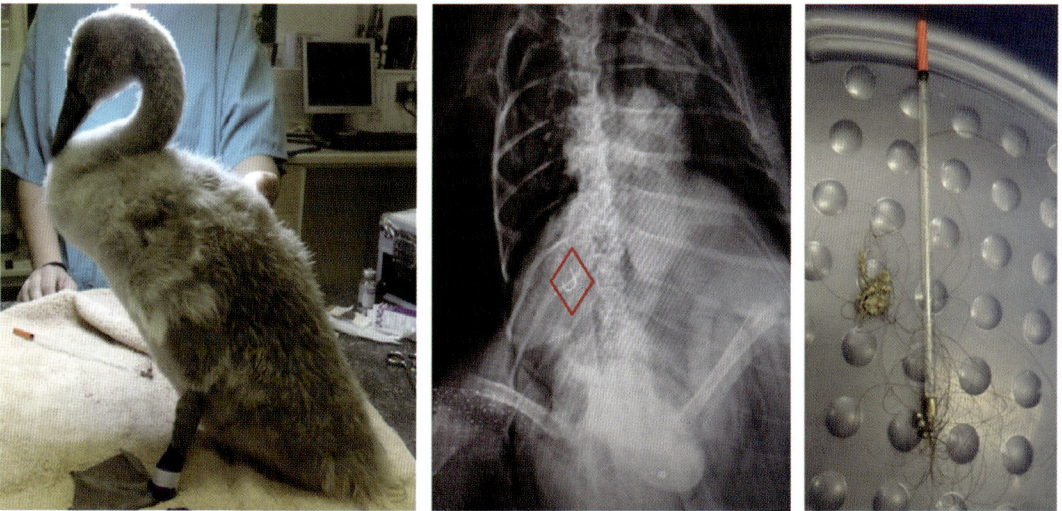

图5　亚成年天鹅体内的鱼线及鱼钩（红色标出）

眼部损伤也常见于头部外伤。如果眼睛严重受损并失去视力，需要考虑摘除眼球。

所有体腔上的外伤都需要仔细检查评估确保没有贯穿伤。如果确诊存在贯穿伤则预后不良。皮肤及肌肉创伤可以进行外科缝合或通过外用药物处理进行二期愈合。

骨科手术操作与其他鸟类治疗原则一致。对产蛋鸡可能发生包括低血钙及代谢性骨病引起的病理性骨折，在术前应检查血钙指标并相应提前补充。维生素C缺乏也可能引起二次骨折。骨折的急救操作需要尽可能固定断端，避免形成进一步的软组织损伤并缓解疼痛，患鸟会出现单侧肢体承重的情况，需要避免未受影响侧的肢体承重过重。

脱臼需要及时复位以确保关节的活动性更好恢复。可以使用夹板加软的垫料进行临时或长期的骨折外固定。其他鸟类的骨折外固定技术也可以应用于禽类，包括胶带夹板、球形包扎、塑料人字绷带改良的罗伯特琼斯包扎、托马斯支架、吊带式包扎，8字包扎（图6、图7）。

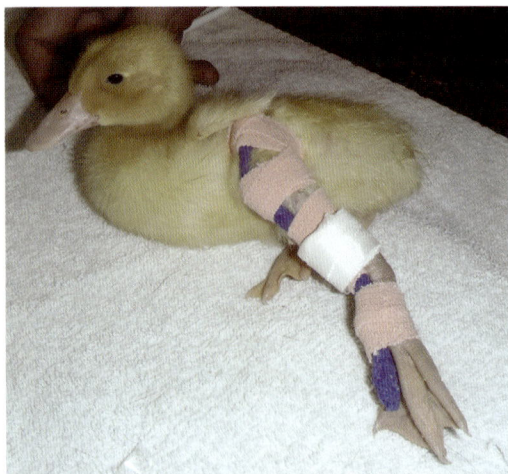

图6　印度跑鸭幼鸭胫跗骨骨折外固定

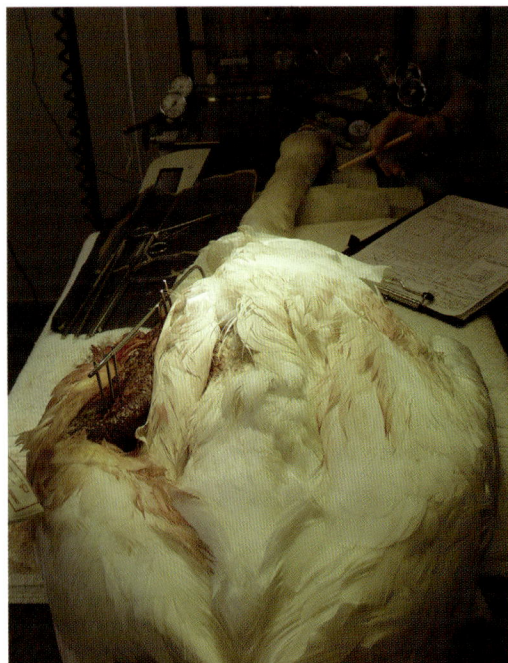

图7　天鹅的内固定支架修复肱骨骨折

颈部气囊破裂可能导致气体进入引起肺气肿。这种情况往往是自限性的。也可以采用烧灼皮肤形成破损以使气肿部位的空气排空。皮肤烧灼部位的愈合时间长于气囊的修复时间，以免再次皮肤闭合后出现气肿。

11.3　低温休克

当温度不舒适的时候，成年母鸡或进入保暖处。而一些亚成体还是可能呆在潮湿的地面，可能很快会发生低温休克，尤其是像波兰鸡这类头骨及鸡冠较薄的品种，以及如丝羽乌骨鸡这类羽毛呈丝状的品种。无论任何情况，都需要给禽类提供充足的保暖。发生低温休克的禽类可以采取体外加温及给予灌输温热的液体的方式进行支持。

11.4　热应激

当环境温度湿度过高超过其舒适温度区域时，禽类可能遭受热应激。当环境温度在28～35℃时，禽类会采取两种非蒸发式散热：①松散地轻微张开翅膀，增大体表面积进行散热；②增加外周血管血液循环。当环境温度升高至体温（41℃）时，鸟的呼吸频率提高，并且会出现张嘴呼吸的现象，以增加水分蒸发散热。如果通过张口喘气依然不能使体温下降，禽类就可能出现无精打采、昏迷，最后死于呼吸、循环或电解质失衡。

11.5　呼吸窘迫与呼吸系统疾病

在鸟类临床常见到呼吸系统疾病。临床表现通常是非特异性的，且很难确诊。呼吸系统症状不止发生于其它原发性呼吸系统疾病，也会受脏器或体腔肿大压迫气囊而产生，同时也会继发于疾病如心血管系统疾病。

鼻窦炎常见于鸡和水禽，常表现为眼周鼻窦肿胀。很多不同的病原微生物都可能引起鼻窦炎，包括分支杆菌、巴氏杆菌、大肠杆菌、铜绿假单胞菌以及一些病毒包括禽流感、新城疫等（图8）。然而家养禽类很少会有机会感染禽流感、新城疫及喉气管炎，在美国常见的禽类鼻窦炎的致病微生物是支原体。在临床中也会经常发现不同的致病微生物。笔者建议在首次检查时应使用无菌生理盐水进行鼻窦冲洗，获取样本进行细菌培养及PCR检测进行病原鉴定。鼻窦冲洗应该在麻醉并安置气管插管的前提下进行，以避免冲洗液体进入气管。之后则可以采用含有抗生素的液体进行鼻窦冲洗，根据恢复情况进行重复操作，可选用的抗生素包括F10、恩诺沙星（欧洲可以在标签标注的鸡或火鸡上使用，在美国禁止使用）、阿米卡星或庆大霉素。如果冲洗出化脓性分泌物，笔者建议采取外科手术操作尽可能的清除脓性分泌物，仅通过抗生素很难完全治疗这样的疾病。

支原体是家养禽类的常见呼吸系统致病微生物。禽类主要受4种支原体的感染，分别是鸡毒支原体、关节液支原体、火鸡支原体和衣阿华支原体。鸡毒支原体常造成呼吸系统症状，关节液支原体也可能造成呼吸系统症状（打喷嚏、泡沫状鼻涕和眼睛分泌物、结膜炎、鼻窦炎和/或化脓性耳道分泌物）。支原体病常会在禽类群体中潜伏，一旦发生免疫抑制、应激及感染情况就可能暴发。泰乐菌素是推荐的备选药物（至少在英国、欧盟及美国是列入可使用名单）。抗生素疗法并不能杀死病原，但可以缓解临床症状，解决其他的应激因素与药物治疗同等重要（氨和粉尘的浓度、养殖密度、整体卫生状况、食物及饮水质量）。然而，如果用药后仍然存在症状，为整群禽类的健康考虑可能需要对发病的个体动物进行安乐死。

雁形目是禽流感的重要携带者，即使携带高致病性毒株也可能不表现出临床症状。禽流感在野生的水禽中非常少见，野外的记录很少。尽管很少见，如果可能和野生水禽混群或有和野鸟的暴露史需要考虑排查禽流感，尤其是出现黏液脓性或干酪性鼻窦炎症状的个体。禽流感的防控需要注意饲养环境卫生及饲养密度，并随时关注人工饲养的水禽。一旦表现出相关临床症状要及时检查。

新城疫或禽副黏病毒也会表现出上呼吸道系统症状，包括结膜炎或气管炎，同时也会影响中枢神经系统及消化系统并出现相应的症状。这一病毒也会成为人兽共患病，感染人类一般只是造成轻度的结膜炎。由于没有药物可以治疗，该病对养禽业会造成巨大的损失。使用疫苗提前预防可以降低疾病暴发的可能性。在英国，目前禁止使用新城疫疫苗；但在美国对养殖禽类使用新城疫疫苗接种是标准程序。

传染性喉气管炎（ILT）的病原是一种疱疹病毒，也被称为马立克氏病。ILT能够影响包括鸡（主要是肉鸡）和野鸡，临床表现与其他呼吸道疾病的症状相似。该病的特点是会在气管上形成白喉性膜造成气道阻塞，患鸟可能表现出气喘的症状。在发病时使用疫苗可以减低发病率及死亡率。提前接种预防可以降低临床表现但不能预防潜伏感染。人工重组活疫苗在英国、欧洲及美国可以获得。

曲霉菌病也是影响水禽的常见疾病之一，也同样会影响鹑鸡类，如家鸡。在其他的鸟类中曲霉菌病分离出的致病原主要是烟曲霉，曲霉菌属的其他种类也能造成疾病。在家鸡中虽然大多数个体可以抵抗曲霉孢子的感染，但一旦个体出现免疫抑制的情况或健康个体接触大量的致病孢子时也可能患病。常见的曲霉菌来源包括污染的饲料及发霉的垫料。染病动物的临床表现包括呼吸困难，也可能只表现出嗜睡、厌食、体重明显减轻等症状。禽类的诊断与治疗与其他鸟类相类似。治疗基于抗真菌疗法，唑类药物加支持治疗。

传染性支气管炎的病原微生物是一种高传染性的冠状病毒，在感染不同年龄的动物会表现出两种典型的临床症状，在幼年的鸡感染主要表现为呼吸系统疾病，而在成年蛋鸡则多表现为输卵管炎及继发的产蛋下降。也会经常见到软壳蛋、不规则或粗糙蛋壳的鸡蛋。在某些个体发病后产生的影响可能影响其后所有的产蛋，甚至继发其他问题，如蛋造成的腹腔炎。

鹦鹉热嗜衣原体在全球的鸟类从业人士中都广为熟知，不仅是因为此病的发病率高，同时也存在人兽共患病的风险。报道有超过100种鸟类能感染此病，包括鸡形目。由于此病的传播物种广泛，所以很多种类都可能成为带毒传播者，包括鸽子和水禽。最近的一篇文章报道在成年鸽子中的患病率为15%，是亚成体比例的2倍。此病在禽类仅偶尔暴发。在禽类中的感染往往是系统性的，偶尔可能是致命的。根据感染毒株的毒理不同，相应的临床症状、潜伏期、患病率、死亡率都有明显的区别。衣原体病常见的临床症状包括鼻窦炎、鼻炎、腹泻和虚弱。死亡个体剖检发现此病可能造成脾肿大、肝肿大、气囊炎、心包炎、腹膜炎。在火鸡上此病的症状成爆发式传播。临床症状可随并发感染而加重，如沙门氏菌和巴氏杆菌。理想来说，衣原体的检测需要血清学结合PCR检测以确诊。然而经过持续的治疗之后康复的个体，目前尚未有检测手段能确定其是否仍然是携带者，并且考虑此病属于人兽共患病，因此对于有机会接触公众的鸟类个体的治疗需要格外谨慎。火鸡的治疗建议采用金霉素（0.1%，如在饲料中按照18.2g/kg添加，连续使用45天），在火鸡及其他物种中常用多西环素进行治疗衣原体暴发（25 mg/kg PO BID，或0.024%添加在饲料中连续使用45天，或50–100 mg/kg IM，每周1次，连续注射6周）。

禽类肺结核出现在咽喉或气管时会表现为呼吸系统急症。

在禽类中某些寄生虫也会表现出呼吸系统疾病的症状，如气管比翼线虫（也叫做呵欠虫），鸭水蛭（Theromyzontessulatum）、束首线虫（Streptocara spp）及气囊螨（Cytodites nudus）。如果影响的是上呼吸道，患鸟会表现出气喘或张嘴呼吸、咳嗽及干呕。诊断是基于发现寄生虫（包括成虫、卵或幼虫）。

鸭疫里默氏杆菌能造成幼年鸭子的亚急性感染，会表现出上呼吸道的临床症状，包括呼吸困难、鼻或眼分泌物。这一病程发展迅速并可能造成突然死亡。需要采集样本进行培养及药敏试验，进而采取适当的抗生素治疗。

11.6 神经系统疾病

神经系统疾病在禽类中很常见。临床医生必须对出现此类症状的患鸟提高警惕，排查可能的需要上报的重大疫病，如新城疫、禽流感及衣原体病。马立克氏病在未接种疫苗的鸡个体中会发现，水禽也必须考虑重金属中毒的可能性。其他的可能包括外伤、影响不良、中央神经系统缺血、血管损伤及其他毒物中毒（图9）。

图9　表现神经症状的仔公鸡

马立克氏病的致病原为禽疱疹病毒2，此病为饲养家养禽类的多发疾病。此病的特点是T细胞淋巴瘤以及神经、器官、生殖道、内脏、虹膜、肌肉和皮肤的单核细胞浸润。周围神经的单核细胞浸润，特别是坐骨神经，可导致瘫痪。然而，由于没有药物治疗受感染的患鸟，未接种疫苗情况下的疑似病例可

> 禽类是坚忍的动物，通常在疾病的早期阶段会掩盖疾病症状，只有到急性或慢性的情况严重时表现为突发疾病。了解种内和种间的解剖和生理差异对危重病禽的成功治疗是至关重要的。

能需要考虑安乐死。商业化饲养的禽类进行早期疫苗接种（孵化后的3天内）不能有效阻止感染（该病全球分布），但可以保护90%以上的个体。

铅中毒是水禽表现出神经症状的主要原因之一。最新的报道称每年冬季全球有50 000 ~ 100 000只野生禽鸟（占越冬禽鸟数量的1.5% ~ 3%）死于铅中毒。这一数字涵盖了每年记录迁徙中死亡的天鹅的1/4。不仅水禽受铅中毒的影响，许多陆生的猎禽和禽鸟可能会将铅弹作为砂砾或在猎物中误食。患鸟可能间歇的吃下少量铅弹引发慢性中毒，也可能由于短时间摄入大量的铅而出现急性症状。在英国自1987年立法禁止钓鱼使用低于28g的铅坠。自此铅中毒的病例显著下降。然而环境中已有的污染还会持续多年。

临床上铅中毒的症状包括体重下降、虚弱及绿色粪便，由于颈部的肌肉无力会表现头枕在背部的典型姿态。新发病的病例可以通过全身X线检查发现体内的铅，然而胃部的研磨作用及胃酸pH环境仅需几天就能将铅块消融。其他表现在慢性病例的X线检查可能发现腺胃扩张和阻塞。需要检测血液铅浓度以最终确诊（正常<0.4mg/L，如0.5 ~ 2.0mg/L则可确诊铅中毒，如>2.0mg/L属于严重中毒）。患鸟可能表现出中度贫血（PCV 20% ~ 38%）。δ-氨基乙酰丙酸脱氢酶的活性被认为是铅中毒更敏感的诊断指标。早期治疗包括阻断铅的进一步吸收，可采用全身麻醉下使用温暖的液体通过胃管洗胃将铅颗粒取出。一些研究者建议如果冲洗后X线检查还存在铅颗粒，在24 ~ 48h内重复洗胃，因为铅可能被卡在肌胃黏膜的缝隙中。当肌肉活动重新启动时，这些颗粒可能会沉淀。应在所有的受影响患鸟使用螯合疗法。建议采用依地酸钙钠（10 ~ 40 mg/kg IM SID连用5天，在第10天开始再连用5天）针对铅中毒及锌中毒进行治疗。如果无法获得依地酸钙钠，可以使用青霉胺作为替代，或在重症病例中与依地酸钙钠联合使用。

锌中毒在室外饲养的动物较少见，与铅中毒的诊断和治疗相似。

肉毒梭菌中毒多发于动物被关在水和厌氧条件下，特别是在温暖、干燥的时期。肉毒梭菌过度生长和产生C型毒素，会引起弛缓性麻痹。其他的症状包括虚弱，与重金属中毒类似。一个详细的病史和水样分析可初步诊断。

其他毒物的中毒在禽类也比较常见，如抗球虫药在水禽（在商品鸡饲料中）或杀虫剂（甲硝咪唑、有机磷农药）。

11.7 腹泻

腹泻可由多种原因引起：体检后临床兽医应该进行直接检查、漂浮法检查寄生虫卵及Diif-Quik染色检查新鲜粪便。粪便样本同时需进行病毒检测。

鸭瘟、鸭病毒性肠炎是由疱疹病毒引起的，并能给水禽造成重大损失。表现可以是急性，包括没有明显临床症状的突然死亡。其他的临床症状包括泄殖腔松弛、腹泻、出血、阴茎突出、畏光、共济失调、震颤症。此病通常季节性暴发（在英国是5 ~ 6月）。可能导致饲养的未接种疫苗的禽类出现10% ~ 100%的发病率。患鸟的预后很差，没有有效的治疗。在疫病流行地区建议每年接种疫苗进行预防。

禽霍乱，由多杀性巴氏杆菌引起，最常见的是禽巴氏杆菌。鸡、鸭、鹅及火鸡都可能被感染。火鸡感染病例可能造成高达65%的死亡率。临床症状包括鼻分泌物、呼吸困难、腹泻及突然死亡。此病在英国的发病率似乎低于北美洲，在北美洲每年的暴发会造成很高的死亡率。

11.8 胃肠道积食

积食对禽类和水禽的嗉囊、腺胃或肌胃的病例也偶尔有报道。患鸟主要表现嗜睡、消瘦、食管或嗉囊扩张。尽管嗉囊/食管、腺胃和/或肌胃充满一团交织的纤维材料，受影响的鸟类的肠道经常是空的。出于好奇或对应激的反应禽类经常会吃下很难消化的物质（如草、报纸、锯末/木屑和羽毛）造成嗉囊积食。最常见的嗉囊积食发生在春天，当鸡摄入长茎草，会影响嗉囊。圈养的水鸟，尤其是鹅，突然更换新的环境可能摄取不易消化的物品如报纸或植物，如草。摄入低水分含量的谷物同时大量饮水可能会导致粮食膨胀，造成对消化道的影响。肌胃阻塞可以导致3周龄内的火鸡很高的死亡率。虽然给予补液、轻柔的按摩和冲洗（仅用于嗉囊或食管阻塞）和液状石蜡可能有助于解决早期的积食，在一些病例中手术治疗可能是必要的（图10）。

11.9 肠套叠、肠扭转

这些情况偶见于禽类。肠套叠多见于小肠，但也有报道发现过出现在腺胃的病例。在幼鸟的小肠扭转可能是通过缠绕在卵黄囊造成的。有报道称鸡的肠套叠与肠扭转多继发与线虫或球虫感染引起的肠炎或蠕动异常。小肠扭转也可能与带蒂肿瘤压迫相关。临床症状是厌食和进行性体重减轻，可能会导致患鸟在几天内死亡。可以通过超声检查、造影或内镜检查进行诊断。如果疾病早期获得诊断，可以进行肠切除术进行治疗。

11.10 体腔炎

体腔炎在水禽中偶尔发生，而在鸡尤其是之前在密集笼养的蛋鸡中较常见。体腔感染可能继发于呼吸系统感染、穿透伤、肿瘤、严重的寄生虫病或生殖系统疾病。在鸡中，大肠杆菌是造成输卵管感染的主要病原。鸡沙门氏菌、传染性支气管炎也可以引起生殖道病变。可以通过检查腹腔积液做出诊断（如果可能的话需要超声引导）。建议使用强效抗生素进行治疗（图11）。

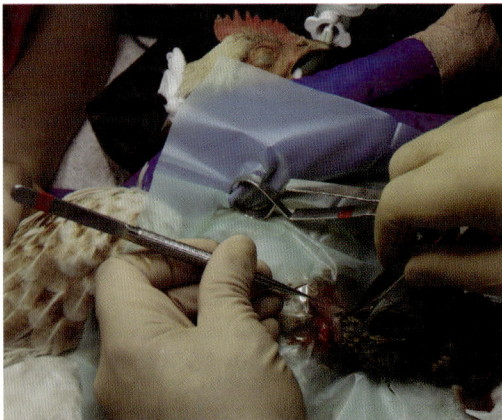

图10　手术取出鸡嗉囊中的内容物

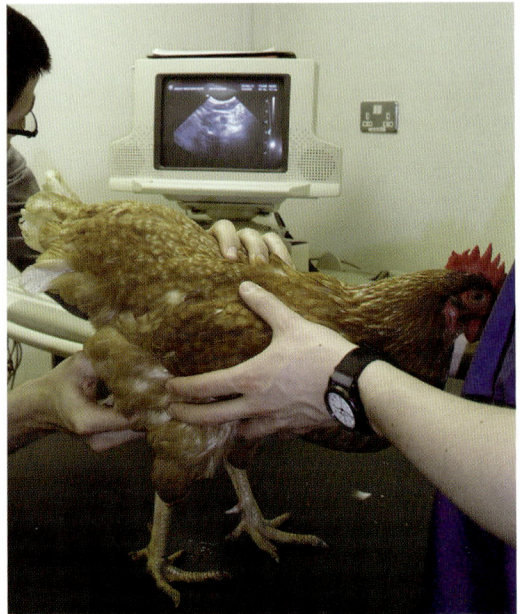

图11　使用超声波检查鸡的体腔

11.11　蛋体腔炎

蛋体腔炎可能发生于异位卵，当卵泡或卵黄错过漏斗，或在输卵管卵泡在逆向方式反向移动而造成。这一情况是在鸡蛋在输卵管内形成时由潜在的疾病引起，也可以因应激导致。不管是哪种原因引起的卵黄掉落入体腔都会引起体腔炎。可能继发细菌感染。这通常是由于输卵管的病变，包括感染或肿瘤引起，或因在高密度笼养对母鸡输卵管造成的损伤。最近在对美国家养禽类进行的一项研究显示，马立克氏病是造成这一现象的最常见疾病。在这项研究中，剖检观察到的最常见的是影响内部器官或肿瘤的存在，可影响卵巢。同样，非病毒引起的生殖系统肿瘤，尽管在2个不同机构参与的研究表现出显著不同的结果，也被认为是常见的。输卵管炎在其中一个研究显示为最常见的症状之一，比例为7.8%。

当出现呼吸困难时最初的治疗包括腹腔穿刺抽吸；这一技术虽然有风险，但有助于通过抽吸出的液体帮助诊断。在最初稳定患鸟时可以提供液体治疗、抗生素治疗、止疼及辅助人工喂食等措施。手术取出可能需要后续的长期治疗，因为这一情况可能复发。

11.12　输卵管脱垂

应激、年龄过大、肥胖、营养不良等可诱发输卵管脱垂，产蛋多的蛋鸡似乎有更高发病率的倾向。常见于产蛋困难的个体。群养的动物的输卵管脱垂可能被其他动物啄伤。药物治疗的效果往往不理想。调查发现，手术切除的治疗效果更好。另外，一旦脱出的组织进行复位和感染炎症的控制，可以使用促性腺激素释放激素激动剂植入物（醋酸德舍瑞林）。可能需要长期反复使用植入物，在某些动物植入物的持续时间似乎随植入次数的增多而变短。

11.13　卡蛋

这一情况可能是由于输卵管的炎症，输卵管的肌肉部分麻痹，或鸡蛋的大小过大不可能通过产道。年轻的母鸡产异常大的鸡蛋是最容易出现的问题。在其他禽类中，这种情况往往与钙的不平衡有关，主要由饮食的不当、应激和其他饲养环境所引发。治疗包括液体疗法、补钙和催产素治疗。如果最初的治疗无效，可以进行穿刺抽吸卵黄（直接通过蛋壳或从腹壁进针）。不可以人为弄破或挤压蛋壳，以免造成损伤。如果蛋壳在24h内没有排出，需要考虑手术取出，否则可能粘连在输卵管上，在未来的产卵不可避免地造成进一步的并发症。

11.14　阴茎脱出

阴茎脱出在雁形目不常见，多发于机械性损伤、感染（如隐孢子菌、支原体、奈瑟氏菌）、过度发情或免疫抑制等。阴茎脱垂的后遗症可能发生冻伤和细菌感染。治疗可能包括给予镇痛药、局部和/或全身性抗生素疗法，局部治疗降低充血和使用润滑剂使脱垂的健康组织复位。严重的病例可能需要切除阴茎。

12　安乐死

在预后差或确诊某些传染性疾病时可能需要考虑安乐死。安乐死应该始终以人道的方式进行。笔者的首选方法是静脉注射巴比妥类药物，其他的方法也可以使用。

13　总结/讨论

禽类是坚忍的动物，通常在疾病的早期阶段会掩盖疾病症状，只有到急性或慢性的情况严重时表现为突发疾病。了解种内和种间的解剖和生理差异对危重病禽的成功治疗是至关重要的。患禽的稳定应优先于诊断化验。临床医生应该了解可能引起禽类急症的感染和非感染性疾病。

审校：施振声　中国农业大学

（参考文献略，需者可函索）

《小动物医学》征稿启事

　　《小动物医学》由中国畜牧兽医学会小动物医学分会组编。本出版物以小动物临床医学需求为根本出发点，以满足临床诊疗需求为导向，以提高小动物临床医生执业能力为目的，以促进中国小动物医学行业发展为己任。我们聘请了国内相关专业两院院士等作为科学顾问，以国内外著名小动物临床专家为主，并有以施振声教授、林德贵教授等一批优秀的临床专家学者医师组成的编委团队，还与北美兽医杂志以及美国兽医协会都有深度长期的合作。目的是打造中国小动物医学发展的平台，让世界了解中国兽医发展，成为中国兽医国际交流的窗口。

　　为办好《小动物医学》丛书，现面向广大临床小动物临床医师、学生、老师以及其他宠物临床相关行业从业人员征稿，欢迎大家踊跃投稿。

征稿说明

1 征文范围

犬猫临床诊疗及经验、犬猫临床研究、稀有动物诊疗及技术、文献综述摘要等内容。

2 要求

1. 来稿应具有科学性、创新性和实用性。已在杂志或报刊上正式发表的论文不采用。
2. 要求文字规范，论据可靠，数据准确，文字精炼。无论临床研究还是病例报告应包括摘要、关键词、图片及参考文献，参考文献数量原则上不少于4篇。
3. 投稿文章的标题、摘要和关键词，要求中英对照。
4. 文章内所有作者需标明单位、地址、邮编，"通讯作者"用*标出。并注明通讯作者单位、联系方式。
5. 为保证印刷质量，来稿均统一提供电子版文档、文中出现的原图，均由电子邮箱发送稿件。
6. 本书不退稿，请作者自留底稿。

3 稿件采用

1. 本书不收取审稿费、稿件处理费及版面费等，并在录用后给第一作者寄样书2本。
2. 被录用稿件将从电子邮件方式告知投稿人。
3. 《小动物医学》编委会对来稿有权进行编辑、修改加工和完善，如不同意修改请在来稿时注明。
4. 录用的文章可以在本书相关的数据库及网站使用，如不同意则来稿时声明。

联系人：胡婷

邮箱：cnjsam@163.com　电话：010-53329912

微信公众号：xiaodongwuyixuezazhi（"小动物医学杂志"的全拼）

地址：北京市海淀区中关村SOHO大厦717室

邮编：100190

《小动物医学》微信公共号

新书推荐

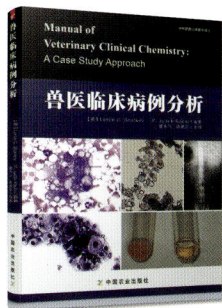

兽医临床病例分析

原著作者： Leslie C. Sharkey　M.Judith Radin

主　　译： 夏兆飞　陈艳云

内容简介：

　　本书从临床兽医的需求出发，全面分析了临床兽医在实际工作中遇到的各种病例，重点强调了血清生化检查的综合判读，适合一线兽医从业者使用。

　　全书共分为七章，第一章为判读计划，从整体出发，给大家提供了良好的分析思路；第二至七章分别从肝酶升高、胃肠道疾病和碳水化合物代谢的检查、血清蛋白、肾功能检查、钙磷镁异常、电解质和酸碱功能的评估等方面，选取不同的病例加以分析，由浅入深，层次分明。每章都有"科教书式"的经典案例，以加深我们对不同疾病的理解。

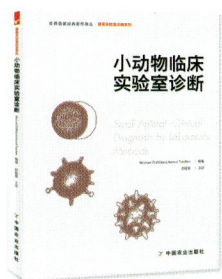

小动物临床实验室诊断（第5版）

原著作者： Michael D. Willard　Harold Tvedten

主　　译： 郝智慧

内容简介：

　　本书在美国出版后受到读者普遍欢迎，作者贯彻"简单即是好"的原则，实用的技术使得本书再次修订，与时俱进紧跟最新技术。主要内容包括：基本实验室原则，全血细胞计数，骨髓检查，血液储备：整体评估及选择计数，红细胞异常，白细胞异常，止血异常，电解质和酸碱失衡，泌尿功能障碍，内分泌、代谢和脂类紊乱，胃肠、胰腺和肝功能紊乱，积液异常，呼吸性与心脏疾病，免疫和血浆蛋白紊乱，精神失常，传染病，炎性肿块或肿瘤块的细胞学检查，实验室毒理诊断，治疗药物检测等。

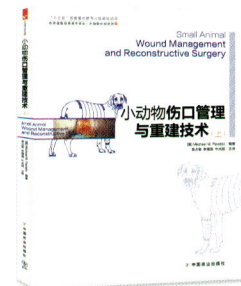

小动物伤口管理与重建手术（第3版）

原著作者： Michael M.Pavletic

主　　译： 袁占奎　李增强　牛光斌　等

内容简介：

　　本书的第3版在第2版的基础上增加了新发展的伤口管理和重建手术技术，最新的疑难伤口管理和小动物外科医生可用的伤口护理产品的信息，辅以文字注释的彩色病例照片，关于绷带/夹板技术、包皮重建手术、疑难皮瓣管理等新的章节。贯穿全书的信息栏强调了重点，并增加了作者基于35年伤口管理和重建手术经验的个人观察。相信读者会发现本书是学习小动物手术修复的实用、内容丰富、独一无二的工具书。

新书推荐

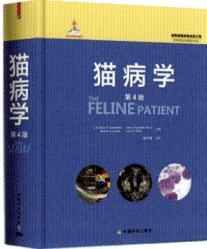

猫病学（第4版）

原著作者： Gary D. Norsworthy　　Sharon Fooshee Grace
　　　　　　Mitchell A. Crystal　　Larry P. Tilley

主　译： 赵兴绪

内容简介：

　　《猫病学》是当今国际上影响最大的一部专门介绍猫病诊断和治疗的学术著作。全书根据病猫的特点及猫主的需求设计，以尽可能满足全球临诊兽医的需求。新版保留了其综合性及易于查找的特点，各篇中的主题仍以字母顺序排列。另外，新增了500多幅图片，对行为学、临床方法及手术的篇章作了大量修改，补充了大量X线、B超、CT及MRI影像诊断技术和病例。

　　本书是目前为止世界上猫病学的权威专著，对有兴趣从事猫病诊疗、科研和教学的所有人员都不失为一本重要参考书。

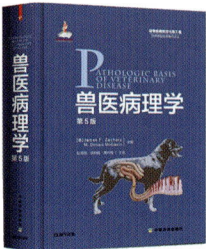

兽医病理学（第5版）

原著作者： James.F Zachary　　M.Donald McGavin

主　译： 赵德明　　杨利锋　　周向梅

内容简介：

　　本书由来自美国和加拿大的25位著名的病理学专家共同撰写，是欧美等许多国家兽医病理学研究领域的经典著作。全书由病理学总论和器官系统病理学两大部分组成，从形态学和机制论观点诠释病理学和病理损伤，并重点阐明细胞、组织和器官对损伤的反应。本版除更新现存疾病和新发或再次出现疾病的发病机制外，还增加了疾病的遗传性基础、耳部疾病、韧带和肌腱疾病等内容，同时增添了关于微生物感染机制的新章节，并对主要家畜的特定疾病进行描述。全书约300万字，含有1576张彩色图片、56个表、100个框图，内容丰富、系统全面、图文并茂，将病理学知识与临床疾病紧密结合，是适合兽医病理学领域和相关行业广大学生及从业人员参考的有益工具书。

相关链接

国际链接

世界小动物兽医师协会 www.wsava.org
美国兽医协会www. avma.org
亚洲小动物兽医师协会联盟www.fasava.org
英国小动物兽医师会www.bsava.com
国际兽医信息网www. vin.com

国内链接

中国畜牧兽医学会 www.caav.org.cn
中国兽医协会 www.cvma.org.cn
中国畜牧兽医杂志 www.chvm.net
中国农业大学 www.cau.edu.cn
东西部小动物临床兽医师大会 www.wesavc.com